大腦熱愛的速效學習

睡不著時可以看的經營學

監 修
平野敦士卡爾
Carl Atsushi Hirano

瑞昇文化

組織是如何
為社會供應價值的呢？

「經營學這種東西是企業為了賺錢而鑽研的學問吧？和我沒有什麼關係，而且好像也蠻困難的樣子……」相信有很多朋友都會對經營學抱持著以上的印象吧？

實際上，所謂的經營學其實並不侷限在企業，而是一門讓眾多組織學習研究該如何活用手中所握有的人才、物資、金錢、情報等經營資源、有效率地為社會提供價值的學問。這裡提到的組織，在廣義範圍上並不光指企業，還包含了非營利組織與個人事業在內。

本書的宗旨，是讓即便對經營學一無所知的朋友，也能透過帶有許多圖像和會話式敘述的文章，以俯瞰的角度理解經營學的基礎知識。從「經營學是什麼？」這個疑問開始，一口氣學會經營實務上必要的經營戰略、行銷、商業模式、金融財政、生產管理、組織等相關精髓概念。

　　具體而言，也包含了PEST分析、3C分析、SWOT分析、PDCA、STP、4P等為了讓經營更加順遂而活用的分析工具（分類情報用的公式），以及經常在新聞報導上看到的M&A或TOYOTA看板管理，一直到金融科技、Ad network、全通路等最新的經營學關鍵字。

　　經由這樣的模式，我認為不管是學生、想到企業應徵的求職者、或是想要自己開設某些事業的創業者，以及至今對經營學毫無興趣的讀者朋友們也能輕鬆愉快地學習。

　　至於對於經營學感到好奇的朋友們，也希望各位可以從感興趣的領域切入，並持續深入鑽研學習。我相當期許本書能成為大家接觸經營學的一個契機。

　　如果還想對經營學有更進一步探討的人，我也向各位推薦拙作『卡爾教授的商業集中講義』（カール教授のビジネス集中講義）系列（「經營戰略」、「商業模式」、「行銷」、「金融財政」〈朝新聞出版〉。

　　平野敦士カール（平野敦士卡爾）

大腦熱愛的速效學習

睡不著時可以看的經營學
Contents

chapter 2
企業的疑問

chapter 5
行銷的疑問

chapter 8
組織的疑問

chapter 9
金融・財政的疑問

chapter 1

經營學的疑問

教授

經子同學

經子同學懷抱著將來
想要開一間咖啡廳的夢想,
進入了大學的經營學系學習。
今天是第一堂課程,教授似乎是要先講解
「所謂的經營學是什麼呢?」。

經營學

01

經營學是什麼呢？

一聽到經營學三個字，大家是不是會馬上浮現出「感覺好像很難」的想法呢？那麼，經營學實際上究竟是一門什麼樣的學問呢？

懷抱著將來想要開設咖啡廳的夢想，經子同學開始了她在大學的第一堂經營學課程。教授首先針對「所謂的**經營學**是什麼呢？」來講述。「經營學就是將企業的成功運作事例所歸納出的結構，以及由失敗的經營所導出、作為不重蹈覆徹的借鏡等作戰模式彙整而成的學問。以西洋棋或將棋等棋盤遊戲來舉例，就是把局勢導向有利方向的戰略，也就是定石的彙整集。」教授這樣告訴同學們。

經營學就像是棋盤遊戲的定石彙整集

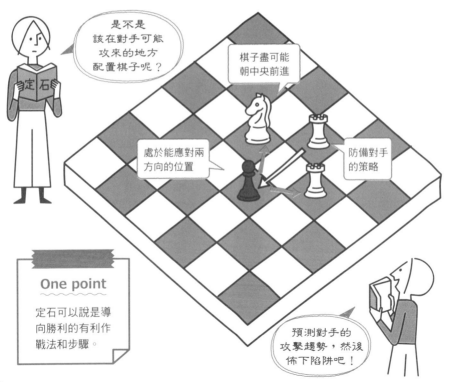

是不是該在對手可能攻來的地方配置棋子呢？

棋子盡可能朝中央前進

處於能應對兩方向的位置

防備對手的策略

One point

定石可以說是導向勝利的有利作戰法和步驟。

預測對手的攻擊趨勢，然後佈下陷阱吧！

教授接著說明：「但是，經營學和將棋等物不同，會受到時代和社會變化的影響，過去成為定石的經營理論之中也可能出現不適用的情況。為此，在新的環境下，人們會設定各式各樣的假設──例如會有像『這樣做會更順利嗎？』的假設定石出現，接著經過實踐，最後只留下適用的東西，這些理論會成為定石被留下，之後重複著相同的過程。」

因應環境變化，理論也隨之變化

QB House的案例

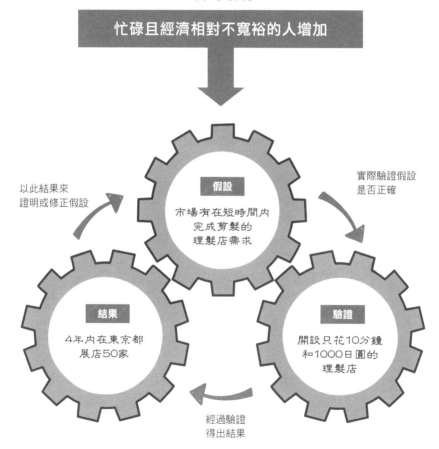

新的環境

忙碌且經濟相對不寬裕的人增加

假設

市場有在短時間內完成剪髮的理髮店需求

以此結果來證明或修正假設

實際驗證假設是否正確

結果

4年內在東京都展店50家

驗證

開設只花10分鐘和1000日圓的理髮店

經過驗證得出結果

經營學

02

經營又是怎麼一回事呢？

即便可以用經營兩個字來一語概括，但那些公司企業實際上都是在做些什麼呢？

關於經營學的概念，經子同學好像已經有些初步的了解了，但心中還是浮現出「所謂的公司經營，實際上都是在做些什麼呢？」這樣的疑問。教授表示：「各位可以把公司經營想像成一個大型的迴轉式輸送帶。大致上來說，就是『企業運用股東提供的資金，對顧客送出各式各樣的商品或服務，再將這些換回金錢』這樣的形式。」

循環的公司經營輸送帶

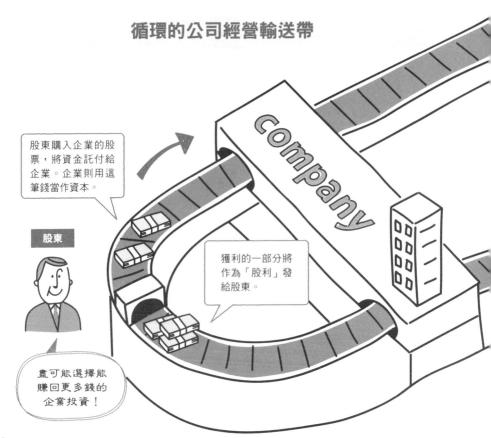

股東購入企業的股票，將資金託付給企業。企業則用這筆錢當作資本。

股東

company

獲利的一部分將作為「股利」發給股東。

盡可能選擇能賺回更多錢的企業投資！

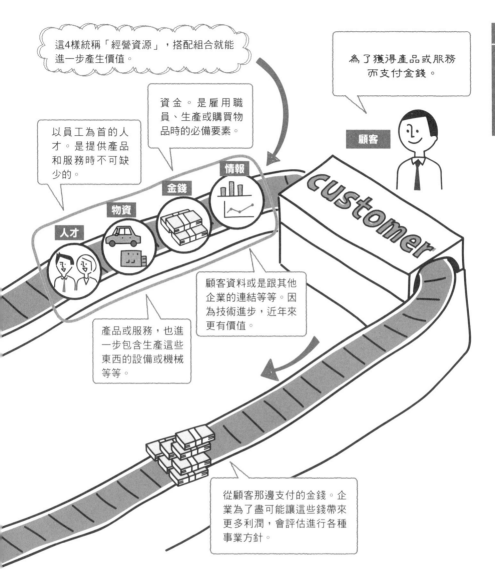

這4樣統稱「經營資源」，搭配組合就能進一步產生價值。

資金。是雇用職員、生產或購買物品時的必備要素。

為了獲得產品或服務而支付金錢。

顧客

以員工為首的人才。是提供產品和服務時不可缺少的。

金錢

物資

情報

人才

顧客資料或是跟其他企業的連結等等。因為技術進步，近年來更有價值。

產品或服務，也進一步包含生產這些東西的設備或機械等等。

從顧客那邊支付的金錢。企業為了盡可能讓這些錢帶來更多利潤，會評估進行各種事業方針。

「企業為了提供有益的產品或服務給顧客，會將**人才、物資、金錢、情報**這4樣東西搭配組合。其中人才就是社員、物資就是產品或服務、金錢就是資金、情報就是資訊。而顧客會因此支付相應的金錢給企業。這些獲利的一部分會成為交給股東的股利。股東再購買企業的股票，對它們進行投資。」

經營學

03

為什麼我們
必須學習經營學呢？

經營店家或是公司企業的人只有一部分。那麼對這部分以外的人來說，
經營學又具有什麼樣的意義呢？

一位學生對教授說：「未來我沒有經營店家或公司的規劃，但是想要進某個大
企業工作，像我這種類型的人，學習經營學會有什麼用處嗎？」教授回答：
「即便是被雇用的職員，也會被分派到各式各樣的部門。雖說做好自己所屬單
位的工作是基本的，但是對於其他部門都在進行什麼樣的工作，各位也是要盡
可能去了解才對」。

不了解大企業中的其他部門都是在做些什麼

教授接著補充：「研讀經營學，就能理解公司是以什麼部門組成、在那裡是以什麼為目標、又是負責些什麼。了解這些，並且以**經營者的視點**俯瞰全局的話，便能知道自己的部屬可以在自己的規劃下有什麼樣的發展。這樣一來，各位肯定能在自己的職場工作找到奮鬥的價值。這就是普通職員學習經營學也能獲得的最大意義。」

具備經營者視點的意義

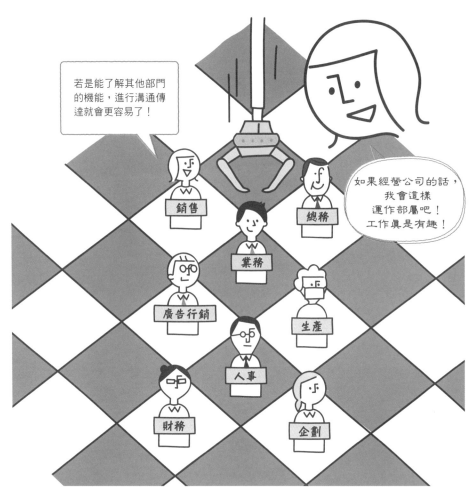

它和經濟學
又有什麼不同？

經濟學與經營學在名稱上很相似。只不過，是不是有很多人都無法明確
說明它們之間有什麼不同呢？

有學生提出「經濟學和經營學有什麼差別呢？」這個問題。教授說明：「我想大家都能理解經營學是以企業的活動為中心的學問。相對來說，經濟學不只針對企業，而是延伸到個人、政府、日本與世界，用較寬廣的視野去分析經濟活動的學問。當然經營學也有涉及這些層面，但是經營學終究還是以企業為中心。」

經濟學與經營學的聚焦點不一樣

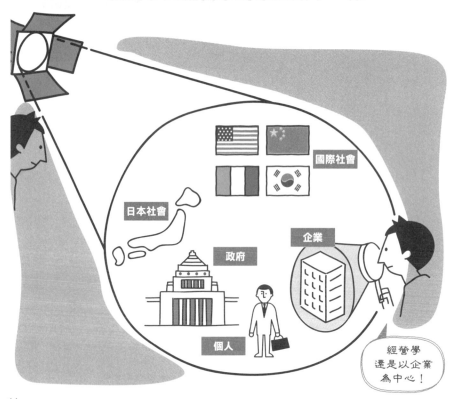

國際社會

日本社會

企業

政府

個人

經營學
還是以企業
為中心！

「說得更深入一點，經濟學還可分為總體經濟學和個體經濟學兩種。舉例來說，請大家試想在不景氣的環境中，為了讓景氣復甦，政府應該選擇什麼方針呢？思考國家整體經濟結構的學問，就是總體經濟學。至於個體經濟學，則是找出並分析在物價下跌的情況，消費者或企業會採取何種消費行為的相關法則。另一方面，在產品銷售不佳的情況下，經營學也是會被用來思考企業該如何存續的最佳方法。」

如果變得不景氣的話……

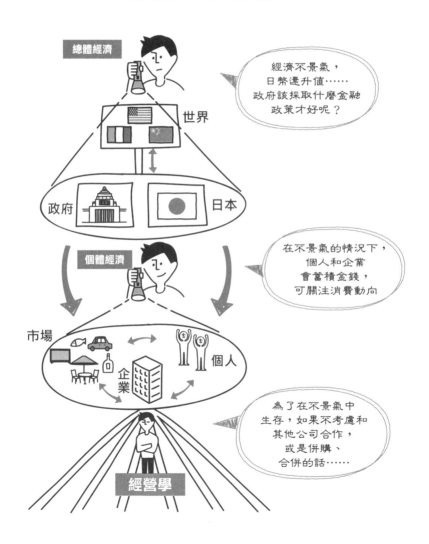

經營學

05

經營管理顧問
都在做些什麼？

企業的經營團隊在運籌帷幄的時候，經常都會參考、聽取專家——也就是所謂的經營管理顧問的意見。

聽著教授的說明，經子內心浮現了疑惑，因此舉手提問。「關於企業的經營方針，是只由經營團隊來構思研擬的嗎？」教授回答：「不光是公司內部，經營團隊聽取社外專家建議的例子也有所增加了。那些專家就是所謂的**經營管理顧問**。近年來不只是民間企業，像是NPO法人或自治團體、醫院、學校等，也有越來越多人委託經營管理顧問。」

給予各式各樣團體建議的經營管理顧問

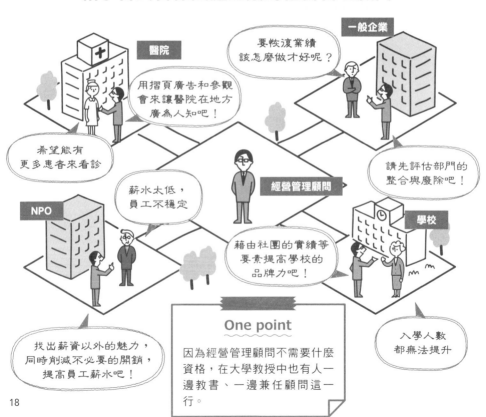

一般企業

醫院

要恢復業績該怎麼做才好呢？

用摺頁廣告和參觀會來讓醫院在地方廣為人知吧！

希望能有更多患者來看診

請先評估部門的整合與廢除吧！

薪水太低，員工不穩定

經營管理顧問

NPO

學校

藉由社團的實績等要素提高學校的品牌力吧！

找出薪資以外的魅力，同時削減不必要的開銷，提高員工薪水吧！

One point

因為經營管理顧問不需要什麼資格，在大學教授中也有人一邊教書、一邊兼任顧問這一行。

入學人數都無法提升

経営学
06 MBA是什麼樣的資格？

說到和經營學有關的資格，最常聽到的就是MBA了。這究竟是一個什麼樣的資格呢？

這堂課也快要進入尾聲。最後教授對大家提問：「各位同學之中，有沒有人未來想要攻讀**MBA**的呢？」接著有好幾個人舉手。「所謂的MBA，就是Master of Business Administration的縮寫，也就是工商管理碩士。學位可以在國外攻讀，也能夠在日本國內的商學院取得，不過日本企業對兩者可能會有不同的評價，請先理解這點之後，再以此為目標深造吧！」

海外MBA與日本國內MBA的比較

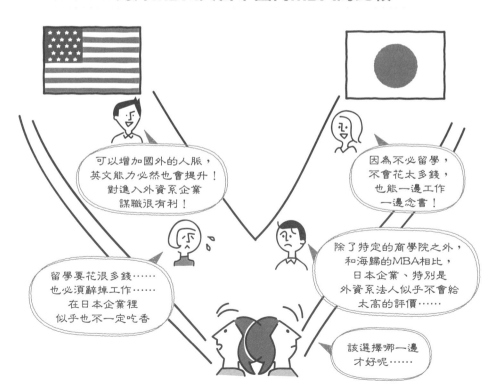

可以增加國外的人脈，英文能力必然也會提升！對進入外資系企業謀職很有利！

因為不必留學，不會花太多錢，也能一邊工作一邊念書！

留學要花很多錢⋯⋯也必須辭掉工作⋯⋯在日本企業裡似乎也不一定吃香

除了特定的商學院之外，和海歸的MBA相比，日本企業、特別是外資系法人似乎不會給太高的評價⋯⋯

該選擇哪一邊才好呢⋯⋯

經營學
的起源是什麼呢？

　　經營學究竟是在什麼樣的狀況下出現的呢？因為18世紀後半展開的工業革命，社會從過去的農村中心社會，轉變為資本主義的工業社會。只不過，後來勞動者與資本家之間，因為工廠的勞動環境過於惡劣，引發了紛爭。

　　之後到了19世紀後半，在美國這個快速工業化國家出生的腓德烈・泰勒所提出的勞動者管理法——「科學管理原則」，據說就是經營學的始祖。泰勒將過去兼任好幾種工作的勞工分工，讓作業標準化，使得開銷降到10分之1以下。此外，像是一天的工作量該如何決定，或是作業流程的指南化、生產量的構思等等，這些可說是現代生產管理基礎的理論，都涵蓋在「科學管理原則」之中。

F.Taylor

chapter 2

企業的疑問

經子在上禮拜的課程中，
已經大略認識了經營學的概略面貌。
今天的第二堂課，
好像是要針對經營學的主角「企業」來學習。

股份有限公司是指什麼？

接續上禮拜課程中所提到的經營學基礎知識，今天我們就針對企業來進行學習吧！

教授說明：「話說回來，**股份有限公司**究竟是什麼呢？企業為了進行各式各樣的事業，資金是必要的。也就是說，有調度資金的必要性，為此，有向銀行等管道借貸、發行股票讓社會大眾購入等方式。購買公司股票的人稱為股東，如果公司業務發展順遂的話，股價就會上漲，股東就能因此獲得名為股利的利潤分配。不過就算購買股票，原則上不用負擔超過你出資金額以上的責任。」

小公司就以經營者與來自親戚朋友的資金來運作

「事業成功，公司因此蓬勃發展的話，就能獲得證券交易所這個股票交易場所的認可。這樣一來，不論是誰都能購入這間公司的股票。這就稱作**上市**，一旦股票上市，就能從對公司的未來抱持期待的人們那裡獲得促進公司發展的資金。如果能夠調配更豐裕的資金，就能推行讓規模繼續擴張的戰略。因為能夠提升知名度，許多企業都會以上市為目標努力。」

公司擴展後，就從社會大眾那裡募集資金

子公司與關係企業
又有什麼不同？

企業也會和其他的企業合作來獲利。其中的一種形式，就是子公司或關係企業。

教授對同學說：「各位都有聽過**子公司**和母公司這些名詞吧。」如果A社持有B社超過50%的股份，就會稱A社為母公司、B社為子公司。至於持股比率在20%以上、50%以下的場合，則稱為**關係企業**。嚴格說起來，在母公司持股超過40%的比率、由母公司派任社長進行「實質上的支配」這種情況，也會被稱為子公司。

母公司與子公司・關係企業

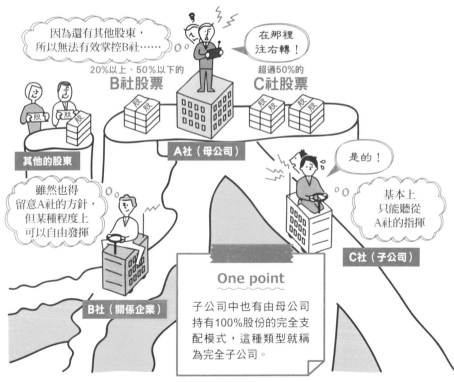

因為還有其他股東，所以無法有效掌控B社……

在那裡注右轉！

20%以上、50%以下的 B社股票

超過50%的 C社股票

其他的股東

A社（母公司）

是的！

雖然也得留意A社的方針，但某種程度上可以自由發揮

基本上只能聽從A社的指揮

C社（子公司）

B社（關係企業）

One point

子公司中也有由母公司持有100%股份的完全支配模式，這種類型就稱為完全子公司。

「企業為什麼要締結這樣的關係呢？其實這其中有各式各樣的好處。如果母公司要展開一項新規事業，比起由本社的事業部進行，交給子公司可以讓決策更加迅速即時，就業務本身而言也能從他社獲得推行的經費。當子公司獲利，得以上市的時候，也能因此調配資金。母公司希望自己的影響力能夠控管到什麼樣的程度，就是決定要進行子公司化、或者是關係企業化的關鍵。」

為甚麼要設立子公司或關係企業呢？

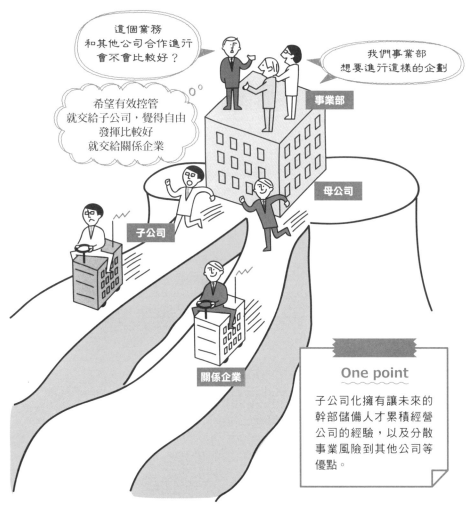

One point

子公司化擁有讓未來的幹部儲備人才累積經營公司的經驗，以及分散事業風險到其他公司等優點。

03

控股制度和母子公司有所不同嗎？

近年來仿效過去財閥那樣進行集團化的企業越來越多了。他們採用的就是控股制度。

教授繼續說明：「近年來，**控股制度**相當受到歡迎。在這種形式下，母公司不必擁有任何事業，只需要對子公司進行經營指導。控股制度特化了以集團整體方針來進行決策的機能，以達成經營層面迅速化、效率化的運作模式。以7&I集團為例，7&I控股公司就是持有7-ELEVEN等多個子公司股票，並給予經營方針的指示。」

7&I集團的例子

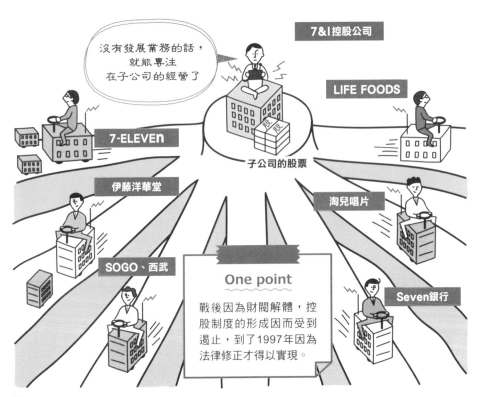

沒有發展業務的話，就能專注在子公司的經營了

7&I控股公司

LIFE FOODS

7-ELEVEN

子公司的股票

伊藤洋華堂

淘兒唱片

SOGO、西武

Seven銀行

One point

戰後因為財閥解體，控股制度的形成因而受到遏止，到了1997年因為法律修正才得以實現。

「母子公司與控股制度最大的不同，就是發展至今的母子公司關係中，母公司是基於自家事業為最優先的前提在經營，子公司則是納入母公司的支配下。相對來說，控股制度能夠以集團整體的利益來考量，依照子公司的不同導入相異的人事制度並分散事業風險。舉例來說，一個集團的子公司A即便倒了，也不太會影響其他的子公司運作。」

發展至今的母子公司與控股制度的不同之處

企業
04

企業之間的合作會是什麼形式？

企業與企業之間，並非單純只有上與下階層的合作關係，也有水平橫向的互助合作。有時候甚至也會和競爭對手聯手……。

教授突然聊起零食的話題。「如果，大家想讓自己製作的零食廣受歡迎、讓不同區塊的客人都想要買，究竟該怎麼做呢？如果要靠自己來大量生產肯定很辛苦。這時各位就會拜託朋友來一起幫忙對吧？在企業與企業之間，也有像這樣的聯手方式。這就稱為**業務合作**，會用各種不同的形式來推動彼此的合作。」

各式各樣的合作形式

教授接著說明：「車站前會集中開設便宜又能馬上用餐的牛丼屋或拉麵店對吧。為什麼他們要刻意把店開在充滿競爭對手的地方呢？如果在一個區域增加同樣類型店家的話，聚集在那裡的人潮也會增多，營業額也會上漲。這種經營模式就稱為**合作性競爭**（Coopetition，亦稱競合）」。

合作性競爭是什麼？

M&A是什麼呢？

企業也會將其他公司或對方旗下的某事業部門整個納入自己麾下。這就是所謂的M&A。

教授表示：「在報紙和電視上經常能聽到**M&A**這個名詞。其實企業之間的關係並不只是母子公司或橫向合作等關係。也能夠用資金買下擁有自家缺乏技術的公司。這個M&A，就是Merger and Acquisition的略稱，也就是『合併與收購』的意思。像軟銀集團等企業體就會透過銀行借貸來收購各式各樣的企業公司，以擴大自身的事業體系。」

M&A的目的

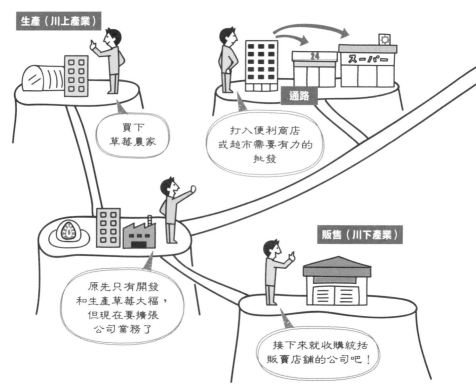

生產（川上產業）

買下草莓農家

通路

打入便利商店或超市需要有力的批發

原先只有開發和生產草莓大福，但現在要擴張公司業務了

販售（川下產業）

接下來就收購統括販賣店鋪的公司吧！

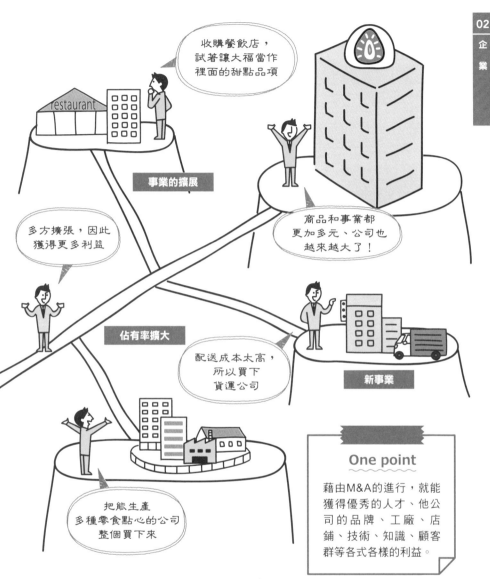

収購餐飲店，
試著讓大福當作
裡面的甜點品項

商品和事業都
更加多元、公司也
越來越大了！

事業的擴展

多方擴張，因此
獲得更多利益

佔有率擴大

配送成本太高，
所以買下
貨運公司

新事業

把能生產
多種零食點心的公司
整個買下來

One point

藉由M&A的進行，就能
獲得優秀的人才、他公
司的品牌、工廠、店
鋪、技術、知識、顧客
群等各式各樣的利益。

　「如果大家是一個只進行開發和生產草莓大福的公司社長，想要藉由收購其他
公司來擴張事業版圖，應該要怎麼做呢？舉例來說，就有買下草莓農家和販售
自家商品的公司，以及將所有跟草莓大福有關的公司都納入麾下的方式。此
外，如果想擴大通路和市場佔有率的話，收購擁有販售能力的公司或許也能幫
助自家公司更加成長茁壯。」

企業

06

M&A也有
很多種類型嗎？

即使想用一句話形容M&A，但它還是有相當多樣的形式。那麼，除了收購對方公司的股份之外，還能藉由什麼方式進行呢？

「在剛剛草莓大福公司的案例中，已經大致說明了『收購對方公司』這種方式，但現實過程中其實還有相當多樣的方法。中小企業的經營者邁入高齡階段後，就會想尋找繼任者。過去有很多例子，都是由自己的孩子繼任公司領導者，但近年來也有接受別家公司收購、成為子公司等等，轉變成該公司旗下的事業部門之一。這個過程就稱為**事業繼承**。」教授如此說明。

事業繼承與合併

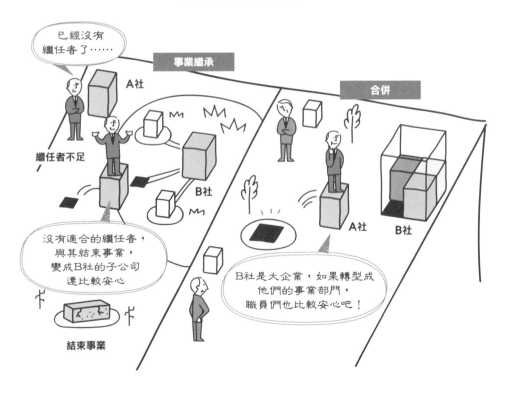

TOB・LBO・股份交換

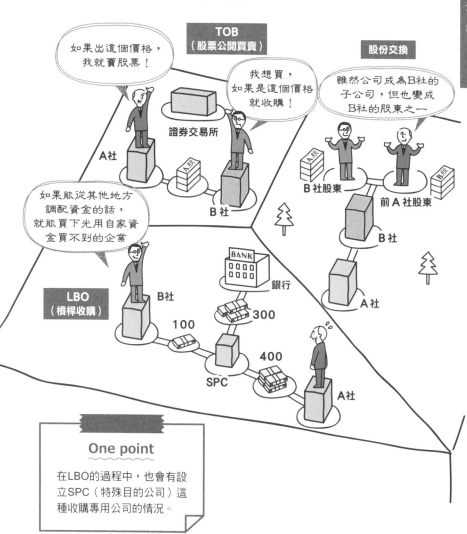

One point

在LBO的過程中，也會有設立SPC（特殊目的公司）這種收購專用公司的情況。

「其他也有藉由交換被收購公司和自家公司股份、以**股份交換**完成子公司化的方法。另外，如果想購買某間公司的股票，也有多種方式。例如公開購買內容、不透過證券交易所，向不特定多數股東收購的**TOB**（Takeover Bid，股票公開買賣），或是不只用自己的資金、也藉由被收購方資產等條件來融資擔保，以調配資金收購的**LBO**（Leveraged Buyout，槓桿收購）等等。」

企業

07

M&A和業務合作
也是有方向性的嗎？

在M&A和業務合作的領域之中，雖然目的和種類也很重要，但方向性的差異也是不容小覷的。

教授繼續解說：「M&A和業務合作，會在希望擴張自家事業領域的時候展開，但這之中其實也具有所謂的方向性。其一，就是一間生產草莓大福的企業，從原料調度到販售的一切事務都由自家來處理的方向性。這個方向性就稱為**垂直整合**。」近年來垂直整合的著名案例，就是成衣品牌ZARA和UNIQLO。

成衣業者的垂直整合

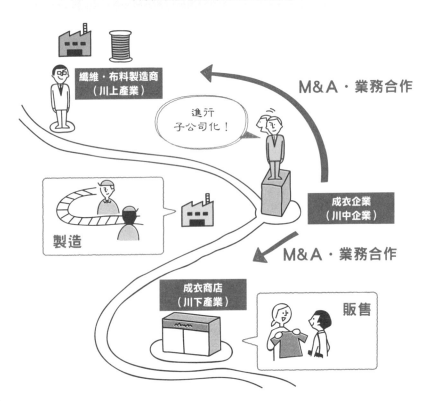

「另一個，就是朝水平方向增加夥伴的**水平整合**。這樣做是為了和擁有相同領域事業的他社攜手，力求獲得新的市場與顧客。此外，類似的方向性還有所謂的**水平分工**。它和水平整合的差別在於，自家公司只專注在能活用強項的領域業務，其他就交給別的公司負責。在比較極端的案例中，也有像Dell這種不持有工廠、只負責接單和客戶服務的廠商出現呢！」

水平整合與水平分工

● 水平整合

商店

量販店

網路購物公司

藉由M&A or 業務合作
合為一體！

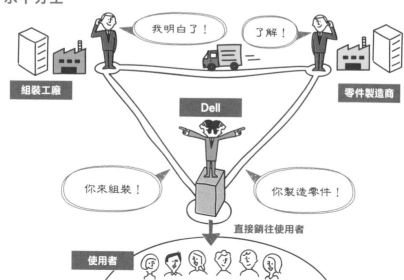

● 水平分工

我明白了！

了解！

組裝工廠

零件製造商

Dell

你來組裝！

你製造零件！

直接銷往使用者

使用者

企業

08

創投企業上市
是什麼意思呢？

在剛剛成立的新興企業之中，也可能存在持續飛躍性地成長、最終得以
上市的企業。

教授接著說：「那麼，現在來聊聊『Mercari』的話題吧！」不管是誰都
能出售、購物的交易平台『Mercari』，經子同學自己也有在使用。「像
『Mercari』這種以嶄新事業起家的新興企業，被大家稱作**創投企業**。和大企業
相比，創投企業有運作靈活的優點，若是能發揮獨創性構想的話，就可能出現
得已滿足大企業無法觸及的需求面，因而迅速成長、未來有望上市的企業。」

大企業與創投企業的差異性

「雖然一但上市，就能從眾多人們那裡募集到資金，但是關於上市也是有諸多條件的。證券交易所會審查該公司的規模、收益、股東數等細項。最近也有因為富有未來性，因此獲得大企業支持的創投企業出現。在這些業務繁盛的上市創投企業候選者之中，企業評價額達10億美金以上的，就是人們所謂的**獨角獸企業**。」

什麼是獨角獸企業？

在這裡面或許會有
獨角獸企業也說不定……
就來投資有希望的企業，好好地栽培吧！

大企業

創投企業群

One point

所謂的獨角獸企業，是指企業評價額達10億美金以上的未上市企業。因為這樣的類型實在太罕見了，因此才用幻想生物・獨角獸為它命名。

企業

09

和過去相比，企業與社會的關係有所改變？

企業也會將自身對社會的影響列入評估的一環，在現今的時代，企業與社會的關係，和過去相比已經有所變化了。

「最後，我要針對企業與社會的關係做說明，以此結尾。」教授準備做總結。

「企業一定要思考自家對社會的貢獻，這就是所謂的 **CSR**（Corporate Social Responsibility，企業社會責任）。企業不僅僅只追求自社的利益，作為社會的一份子，也必須成為能對社會永續發展做出貢獻的存在。而且，也肩負對所有利害關係人說明的責任。」

所謂的CSR是指？

公平貿易

為了永續經營，企業對社會的貢獻是很重要的

「現今，**CSV**（Creating Shared Value，創造共享價值）這種不只能對社會有所貢獻，還能增加企業收益、提升形象的這種活動，已經獲得了廣大的關注。例如飲料廠商雀巢，就透過對可可樹農家的支援，展開強化生產、提高收益的雀巢可可樹計畫。這不僅對貧困農村的基礎建設與農家生活給予支援，也是和提升雀巢品牌形象及收益有所關聯的活動。」

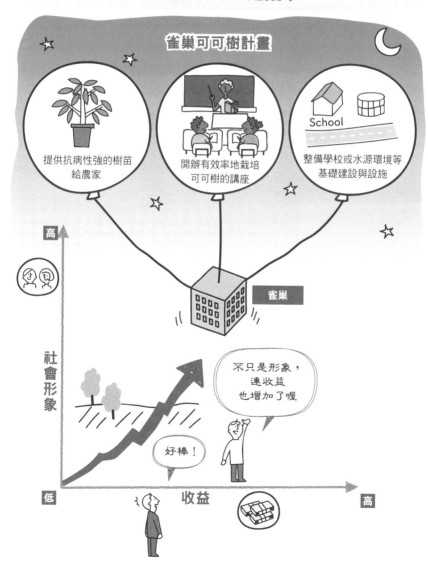

所謂的CSV是指？

雀巢可可樹計畫

提供抗病性強的樹苗給農家

開辦有效率地栽培可可樹的講座

整備學校或水源環境等基礎建設與設施

School

雀巢

高

社會形象

低

收益

高

不只是形象，連收益也增加了喔

好棒！

39

所謂的NPO
是什麼樣的團體？

　　推展事業活動的，其實不是只有股份有限公司。在各種展開活動的團體之中，NPO也是其中的一種。NPO是取自Nonprofit Organization的首文字，一般翻譯成非營利組織。廣義來說，學校法人、醫療法人、宗教法人等也包含在內，它們和一般企業的不同，在於並非以營利為首要目標。

　　但是，即便宣稱不以營利為目的，舉辦活動也需要耗費資金。另外，不能只有無支薪的義工，也需要雇用有薪水的職員。

　　NPO的收入來源，根據團體不同也有所差異。在會員制的場合，會使用會費來負擔活動費用，也會透過演講或販售書籍來籌措活動經費。

chapter 3

經營戰略的疑問①

因為大學的課程
對經營學萌生興致的經子同學，
因此向經營公司的「營太」以及親戚的叔叔
請益跟「經營戰略」相關的知識。

經營戰略 ❶
01
經營戰略是什麼呢？

經子同學對經營學與企業的基礎已經有了大概的理解。於是她也開始評估自己未來的咖啡店開店計畫。

經子同學未來希望能開設一間咖啡店。什麼樣的咖啡店才會生意興隆呢？首先研擬出自己的經營戰略是很重要的。所謂戰略，就是作戰的方法。在這個時候，最重要的便是去思考「想打造什麼樣的咖啡店？」以及「這間店能夠對這個世間貢獻些什麼呢？」。這就是所謂的**經營理念**。也就是說，必須去評估將來的願景（Vision）與使命（Mission）這兩個要點。

● 願景（Vision）

想開一間怎樣的咖啡店呢？

Cafe
小巧舒適的地域密著型

講究的內裝、菜單

未來要連鎖店化

● 經營理念

?

經子同學

● 使命（Mission）

想對世間做出什麼貢獻？

成為在地人聚集的場所。　成為育兒媽媽聚集的場所。

試著多方面調查

有幾間咖啡店？

當地居民都是怎樣的人

市場・顧客（Customer）

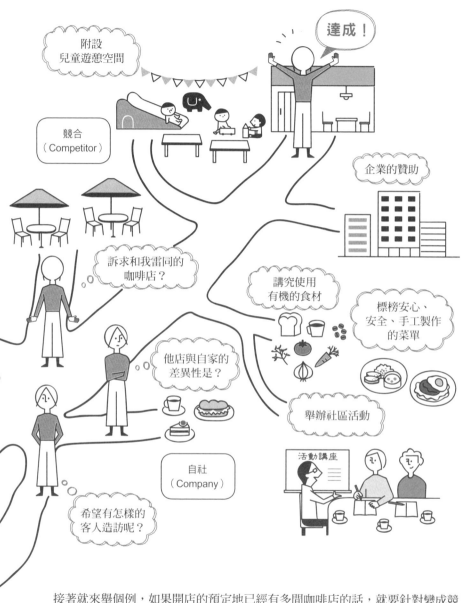

接著就來舉個例，如果開店的預定地已經有多間咖啡店的話，就要針對變成競爭對手的店在哪裡，以及自己的店有什麼特色和強項等課題做檢討。研究過這些並妥善思考後，再來分析自家店鋪以及所在的環境。這就是**3C分析**。這裡的3C，就是「**市場・顧客（Customer）**」、「**競合（Competitor）**」、「**自社（Company）**」的首文字。

02
我們該如何
設定戰略？①

為開設咖啡店目標踏出第一步的經子同學，當然也不想在朦朧不清的局勢下開店。還得要評估那些會影響店面經營的社會動態才行。

經子同學想到未來開店之際，或許可能碰到完全沒有客人上門的困境，因此感到不安。經營一間店，如果不能因應世間動態的變化，客人就不會來消費。因此她開始試著思考「消費稅的修正（**政治**）」、「不景氣（**經濟**）」、「邊工作邊育兒的世代增加（**社會**）」、「不管是誰都能沖出道地咖啡的機器（**技術**）」等可能與自己開店計畫相關的社會趨勢變化。

在公園的4個廣場中都發生了些什麼？

消費稅UP的影響
● **政治**（Politics）**廣場**
法律的修正、稅金增長、政權交替等要素。

因為不景氣才走高級路線？
● **經濟**（Economy）**廣場**
景氣、物價、失業率、平均所得等要素。

一定要好好想想每個廣場都有些什麼

雙薪育兒世代的休憩場所
● **社會**（Society）**廣場**
人口的增減、生活型態的變化、社會輿論等要素。

不管是誰都能沖出道地咖啡的機器
● **技術**（Technology）**廣場**
新技術的開發、IT的活用等要素。

將4個要素以2條軸線配置在地圖上

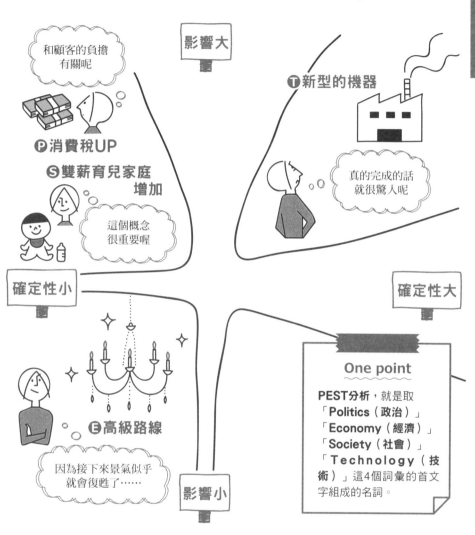

這樣的分析方式，在經營學中就稱為「**PEST分析**」。藉由這4點評估，以及理解社會的潮流、需求、變化，就能減少自己的店在因應社會動態時所產生的偏差。另外，在思考這4點的時候，請再以它們對咖啡店開店的影響力大小，以及實際發生與否的確定性這兩條軸線來再次衡量。舉個例子，對經子同學的咖啡店來說，消費稅修正的確定性較小，但對開店的時間點影響較大，因此配置在圖片左上方。

45

經營戰略❶

03

我們該如何
設定戰略？②

深思社會動態變化的經子同學，這次好像要參考成功範例的店家，針對自己希望打造出的店家，檢視它的強項與弱項。

經子同學很在意知名的咖啡店是如何成長茁壯，因此調查了星巴克是怎麼將店家數擴展到現在的規模的。其中的秘密，就在於針對自家店鋪的強項與弱項進行解析。接下來，就要將社會動態區分出可能會出現的機會，以及或許會產生的威脅，然後再次思考。這種評估方式，取其首文字，稱作**SWOT分析**。

星巴克的SWOT分析

在4個房間裡面分別都有著什麼呢？

● Strength room
擁有品牌力
職員的士氣很高
餐飲很美味

● Weakness room
高齡者的認知度較低
商品的單價過高

● Opportunity room
脫離通貨緊縮
在外使用筆電的人增加
女性進入社會

● Threat room
高齡化
便利商店等競爭對手很多
健康取向

SWOT分析矩陣

交叉組合每個房間的要素，打造出新的房間

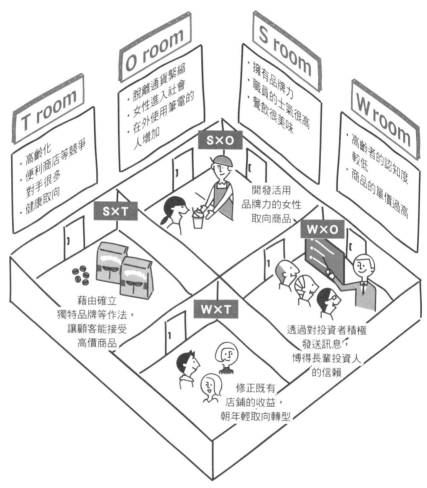

T room
・高齡化
・便利商店等競爭
對手很多
・健康取向

O room
・脫離通貨緊縮
・女性進入社會
・在外使用筆電的
人增加

S room
・擁有品牌力
・職員的士氣很高
・餐飲很美味

W room
・高齡者的認知度
較低
・商品的單價過高

S×O
開發活用
品牌力的女性
取向商品

S×T
藉由確立
獨特品牌等作法，
讓顧客能接受
高價商品

W×O
透過對投資者積極
發送訊息，
博得長輩投資人
的信賴

W×T
修正既有
店鋪的收益，
朝年輕取向轉型

光是知道每個房間裡都有些什麼是不會發揮用處的。必須要將各個房間的要素取出，再打造成新的房間，並以此構思出具體的方案、打造最初的戰略。舉例來說，在「**S×O** room」中，就是在機會出現的狀況下，催生出可將自身的強項做最大程度活用的方案。在女性積極走向社會、經濟寬裕的人數增加的情況下，藉由開發女性取向的商品，或是充實餐飲的陣容等作法，便能產生讓單一顧客消費單價提升的方針。

經營戰略❶

04

我們該如何
設定戰略？③

即便自家公司有明確的強項，不過該強項是否擁有價值，而且會不會被其他公司模仿，關於這些層面也必須列入考量。

經子同學在看報紙的時候，注意到了「揭曉TOYOTA強盛的秘密」這篇報導。根據該篇報導指出，TOYOTA似乎徹底檢視了自家的長處所在。自社的技術、產品、服務等是否擁有價值？那些技術容易被模仿嗎？對於這些問題進行充分的思考衡量。並且取這些項目的首文字，命名為**VRIO分析**，以此來評估公司的技術等層面具有什麼程度的價值、又該如何有效地利用。

TOYOTA工廠的VRIO分析雙六遊戲

回答這4個問題吧！

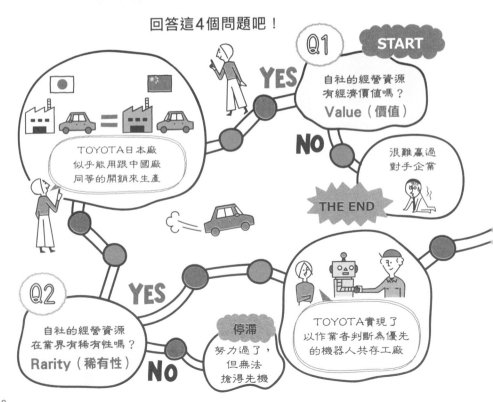

Q1 START
自社的經營資源
有經濟價值嗎？
Value（價值）

YES

TOYOTA日本廠
似乎能用跟中國廠
同等的開銷來生產

NO

THE END
很難贏過
對手企業

Q2
自社的經營資源
在業界有稀有性嗎？
Rarity（稀有性）

YES

NO

停滯
努力過了，
但無法
搶得先機

TOYOTA實現了
以作業者判斷為優先
的機器人共存工廠

GOAL

因為有母工廠
這種新型工廠模式，
海外的工廠
也能仿效以進行生產

全部都能回答
YES的話，
TOYOTA就能
繼續獲勝！

戰果不大

很難獲得
大規模勝利

NO　YES

「JIT生產方式」等TOYOTA
獨特的模式，是靠大規模
企業力來支撐，
他人是難以模仿的

Q4　有能夠活用自社
經營資源的組織嗎？
Organization
（組織）

YES

Q3　別家公司
難以模仿你？
Imitability
（模仿可能性）

One point

JIT（Just In Time，即時
生產），平時不持有製
造過程中的必備零件庫
存，而是在必要時才導
入所需的數量。其他企
業之所以難以模仿，是
因為對轉包企業的負擔
過重的關係。

NO　　暫時的

只是暫時
領先而已……

TOYOTA的日本廠在開銷上和海外的自家工廠相同，這一點就具有經濟價值。而且還憑藉大規模的企業力去支撐能以作業者判斷為優先的機器人技術，這個部分是其他企業難以仿效的。另外，因為母工廠制度等組織能力，讓海外工廠也能輕易使用這些技術。當經子同學的咖啡店開始擴大營運的時候，應該也要參考這樣的分析方式吧。

經營戰略❶

05

要開創哪種事業
是如何決定的？①

經子同學在調查世間的企業動態後，下一個階段，便是要鎖定事業的範圍。所謂的事業範圍，又是什麼呢？

經子同學向經營公司的朋友營太請益。營太則建議她「首先要決定事業的範圍」。所謂事業的範圍，是指「想要在哪個領域努力」這件事。最推薦的方式，就是從「想提供給誰（**顧客軸**）」、「該如何提供（**產品‧技術軸**）」、「想提供什麼（**機能軸**）」三個切入點去思考。而這個事業範圍，其實就是人們所說的**事業領域**。

事業領域的決定方式

從3個切入點來思考

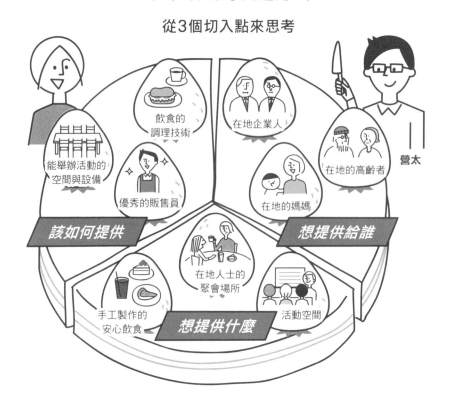

能舉辦活動的空間與設備

飲食的調理技術

優秀的販售員

在地企業人

在地的高齡者

在地的媽媽

營太

該如何提供

想提供給誰

手工製作的安心飲食

在地人士的聚會場所

活動空間

想提供什麼

事業領域的明確化

試著組合3個切入點來評估

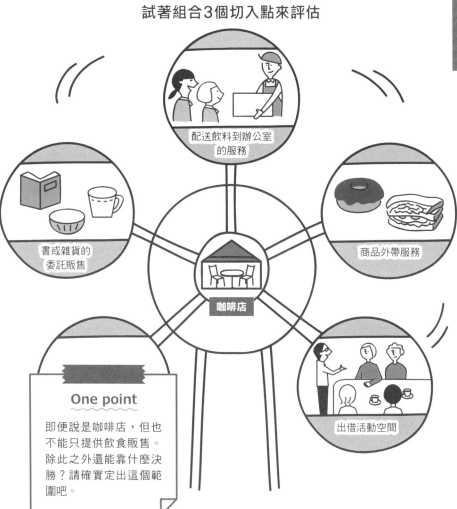

配送飲料到辦公室
的服務

書或雜貨的
委託販售

商品外帶服務

咖啡店

出借活動空間

One point

即便說是咖啡店，但也
不能只提供飲食販售。
除此之外還能靠什麼決
勝？請確實定出這個範
圍吧。

和營太一起從3個切入點來衡量事業範圍的經子同學，也開始實際去思考在這
之中有哪一項能夠創造收益。思考後得出的結論，就是除了本業飲食餐點的提
供之外，又另外擬出配送飲料到辦公室的服務、商品外帶服務、出借活動空
間、書或雜貨的委託販售等方向。和事業範圍明朗化前的狀況相比，現階段的
事業整體輪廓已經清晰可見。

經營戰略❶

06

要開創哪種事業是如何決定的？②

在眾多企業之中，會出現握有壓倒性強項的公司。但是，所謂的壓倒性強項，實際上是指什麼呢？

在SWOT分析和IVRIO分析的部分，我們提到了「公司強項」這個議題。一間公司的優勢可稱之為競爭力，在成功的公司所擁有的強項之中，更存在著「壓倒性的強項—**核心競爭力**」。舉例來說，SONY的產品小型化正符合這個特質。要觀察是否為核心競爭力，可以從移轉可能性、耐久性、代替可能性、稀有性、模仿可能性等5項視點去思考。

核心競爭力的條件為何？

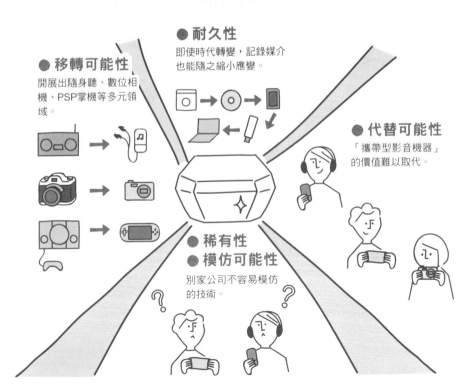

● 耐久性
即使時代轉變，記錄媒介也能隨之縮小應變。

● 移轉可能性
開展出隨身聽、數位相機、PSP掌機等多元領域。

● 代替可能性
「攜帶型影音機器」的價值難以取代。

● 稀有性
● 模仿可能性
別家公司不容易模仿的技術。

核心競爭力容易陷入的失敗

只不過,隨著時代演進,其他公司也會獲得小型化的技術。之後,小型化就無法再被稱為是自家優勢了。如果你的核心競爭力無法對應時代的變化,還執著於固守特定領域,就可能因此產生風險。為了避免這種困境,並且發掘第2、第3個核心競爭力,企業必須隨時檢視自己的強項所在才行。

經營戰略 ❶

07

擴展多方面領域的事業
是正確的選擇嗎？

經子同學這次跑去向任職於汽車製造商的叔叔請益。除了製造汽車以外，叔叔的公司還有觸及各式各樣的事業。

經子同學的叔叔所任職的公司，是知名的汽車生產大廠，但那裡可不只有製造汽車而已。他們將生產汽車的過程中所得到的技術、知識、人才加以活用，進行機車的製造或噴射機引擎的研發生產等業務。就像這個案例，本業是汽車生產的公司跨界觸及別的事業領域，就是所謂的**多角化**，它還擁有4個方向性。

多角化的4種類型

● 水平型

提供類似的產品給現行的同類客戶。

機車的製造等等

叔叔

不管是水平型還是垂直型，都是從本業發展而來，雖然容易穩定，但很難有大幅度的成長

● 垂直型

從產品流通過程的開始到結束，將其中原本要委外的工程都轉為自家旗下的事業來生產。

將原本要外購的零件進行內部生產

● 集中型
使用現行的生產技術，
製造類似領域的產品。

製造噴射機引擎

● 集結型
和自社至今的業務完全
無關的事業。

經營休閒度假
設施等

> 集中型的風險較低，
> 收益也比較穩定。
> 集結型則是
> 不容易影響本業，
> 可分散風險

One point

藉由複數事業的推動，會在
各事業之間產生正面的效
果。舉個例子，如果鐵路公
司擁有公車路線，就能讓車
站機能更加便利、住宅區也
會有人潮聚集，對雙方事業
都有助益。像這樣的效果，
就稱為相乘效果。

這4個方向性，首先是向既有的客群銷售機車的水平型。接著是在汽車從製造
到販售的過程中，將原本向外訂購的零件改為自家生產的垂直型。然後把製造
汽車引擎的知識活用在噴射機引擎的開發生產，則是集中型。最後的集結型，
是和汽車幾乎毫無關係的飯店事業。多角化，就是藉著複數事業催生出**相乘效
果**，讓企業成長的方針，但不管是人力或資金都是可觀的開銷。

經營戰略 ❶

08

開拓多元事業不會讓資金消耗殆盡嗎？

我們已經理解多方擴展事業的優點在哪了，但是資金和人才等部分都是有限的。要開拓某一項事業，究竟是怎麼去決定的呢？

至於該發展哪項事業，就必須進行事業評價。我們將事業比擬為學校的班級，以考試成績的分數高低和成長率，將學生區分成4個群體。分別是從低分變成能拿高分的學生（Stars，明日之星）、原本就成績好，但很難再突破的學生（Cash Cows，搖錢母牛）、成績不好但有成長機會的學生（Problem Child，問題兒童）、成績差又沒有未來性的學生（Dogs，落水狗）。

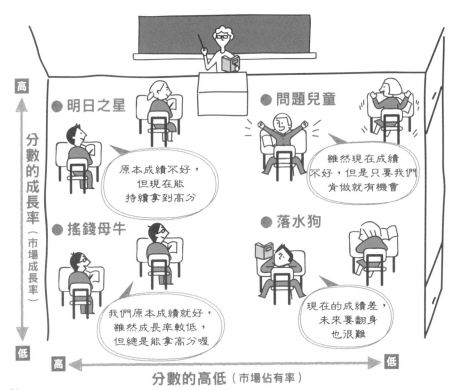

PPM教室內的4個群體

分數的成長率（市場成長率）

高　低

● 明日之星

原本成績不好，但現在能持續拿到高分

● 問題兒童

雖然現在成績不好，但是只要我們肯做就有機會

● 搖錢母牛

我們原本成績就好，雖然成長率較低，但總是能拿高分喔

● 落水狗

現在的成績差，未來要翻身也很難

分數的高低（市場佔有率）

高　低

某電機生產商A的分類事例

*PPM是由波士頓咨詢公司（Boston Consulting Group）提倡的分析模組。

這種評價方式就是**PPM**（Product Portfolio Management）。我們以某電機生產商A來配合舉例看看。「分數的高低」就是市場佔有率—銷售情況如何，「分數的成長率」則是市場成長率—銷售情況良好的程度。舉個例子，4K電視預計在今後也會繼續成長，產品銷售狀況也不錯，因此列在「明日之星」。以這個分類法為基礎，可成為經營陣容對各事業及產品，進行資金投注、人力配置、事業撤退等決策判斷的依據。

經營戰略 ①

09

有沒有更能擴大
事業規模的方法呢？

要擴大事業規模，可不是只有多角化這個選擇。可以比較一下既有事業
的延伸可能性，再進行選擇。

經子同學已經學到關於多角化的知識，但除此之外就沒有其他的方向了嗎？根
據叔叔的說法，多角化似乎只要讓事業擴張的方法之一而已。將市場的新舊
與產品的新舊這兩條軸線相組合，從中思考事業成長的方向性，就能評估哪
個事業能進行什麼樣的擴張。因為這種方式是由策略管理之父安索夫（H.Igor
Ansoff）所發想，因此就被稱為安索夫的**產品－市場矩陣**。

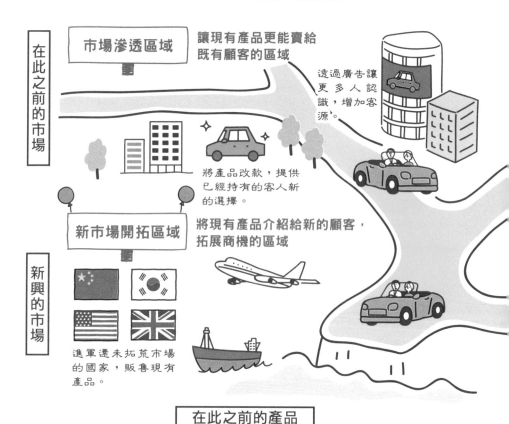

在此之前的市場

市場滲透區域 讓現有產品更能賣給
既有顧客的區域

透過廣告讓
更多人認
識，增加客
源。

將產品改款，提供
已經持有的客人新
的選擇。

新市場開拓區域 將現有產品介紹給新的顧客，
拓展商機的區域

新興的市場

進軍還未拓荒市場
的國家，販售現有
產品。

在此之前的產品

想要擴大事業規模，有以下4個區域可以衡量。包含讓既有顧客增加現有產品消費的「市場滲透區域」、讓新的顧客購買現有產品的「新市場開拓區域」、提供新產品給既有顧客選擇的「新產品開發區域」、把新產品販售給新顧客的「多角化區域」。管理陣容可在每個區域中檢討各種方向性，思考在這個區域應該要投入多少資源心力才妥當。另外，一般認為多角化區域的運作困難度是比較高的。

某汽車製造廠的產品—市場矩陣

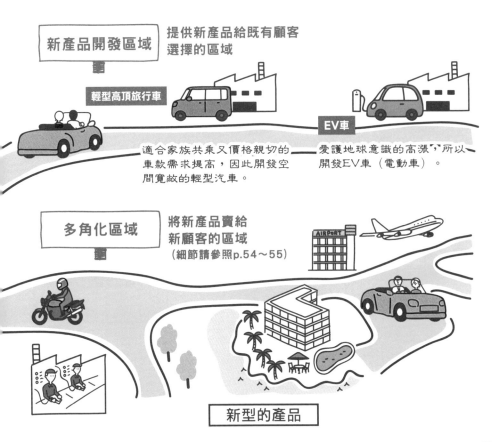

新產品開發區域　提供新產品給既有顧客選擇的區域

輕型高頂旅行車

EV車

適合家族共乘又價格親切的車款需求提高，因此開發空間寬敞的輕型汽車。

愛護地球意識的高漲，所以開發EV車（電動車）。

多角化區域　將新產品賣給新顧客的區域（細節請參照p.54～55）

新型的產品

經營戰略 ❶

10

藍海策略是什麼呢？

在競爭者較少的領域開創新事業是比較妥當的，而且也有方法能打造出幾乎毫無競爭對手的領域喔。

經子同學向叔叔確認最近常常聽到的一個名詞「**藍海**」是什麼意思。叔叔解釋：「並不是激烈地殺成一片血海的高競爭市場，而是宛如碧藍之海那樣，幾乎不存在競爭者的事業領域。」經子同學又提出疑問：「但是，真的有這種領域存在嗎？」叔叔接著說明：「為了找出這樣的市場，可以在現有的商業模式中加入4個動作去思考喔！」

發掘藍海市場的4個動作

紅海市場 已經存在很多競爭對手的激戰領域。

對手太多了，好嚴峻！

找出藍海要靠4個動作！

藍海市場 幾乎還沒有競爭對手存在、接觸的領域。

One point

在已經存在的商業模式中進行
①增添新事物
②去除累贅
③增加
④減少

QB House的案例

○○理髮店

QB HOUSE

1000日圓

今天放假，
就去理髮店悠閒地
理個髮吧

10分鐘就能剪好，
又很便宜

One point

QB House因為只要花10分鐘左右就能完成剪髮，因此顧客流動快速。簡單計算下，如果1小時可以服務5人，就能比一般的理髮店還賺錢。

在此之前的理髮店		QB House
時間：1小時 金額：4000日圓	將時間與金錢的價值 **增加**	時間：10分鐘 金額：1000日圓
洗髮：有 刮鬍：有	**去除累贅**	洗髮：無 刮鬍：無

標榜1000日圓剪髮的QB House可說是藍海策略的一個有名例子。在此之前的理髮店大多是需要人們利用自己休息或假日的時間去剪髮的類型。不過QB House則是發現了「讓繁忙的上班族也能利用平時的瑣碎時間，方便又快速地剪好頭髮」這項新需求。以4個發掘動作來檢視的話，就是運用「增加」和「去除累贅」這兩個動作而催生出這樣的形式。

徹底運用多樣性的
分析工具吧！

　　3C分析（p.42）、PEST分析（p.44）、SWOT分析（p.46），分析的方法相當多樣化，這些用來整理情報的思考結構模式，就稱為分析工具。就像3C分析和SWOT分析用來解析自社的現狀、PEST分析用來判斷業界相關環境那樣，分析工具會基於各種目的來進行資訊整理，切入的面向也不同。

　　只不過，當大家在實際進行時，或許會為了該在什麼場合做什麼樣的運用而感到苦惱也說不定。在這種時刻，就請各位將多個分析工具搭配組合看看吧！

　　舉例來說，像是當自社在競爭性定位戰略（p.74）中處於利基者位置的場合，就能試著衡量是否要在小市場採行集中戰略（p.70）。

chapter 4

經營戰略的疑問②

雖然經子同學已經學習了
經營戰略的基本思考模式，
但營太的解說講座還沒有結束喔。
這次他好像要講解各式各樣
能讓你領先競爭對手企業的方法。

經營戰略❷

01

決勝的業界是如何決定的？

不光是自家公司，對於「業界」的訊息也有進行調查的必要。你所身處的業界，是否為一個能賺錢的業界呢？

營太提供了以下的建議。「在創業之前，記得也要調查一下你要決勝的業界資訊。因為有能賺錢的業界，也有會虧損的業界。」嘗試用業界內的競爭者企業（現有競爭者的挑戰）、與顧客的關係（購買者的議價能力）、與生產者的關係（供應商的議價能力）、是否存在替代品（替代品的威脅）、新進企業是否容易參戰（新加入者的威脅）等5種觀點來判斷。這個分析法就稱為**五力分析**。

五力分析是什麼？

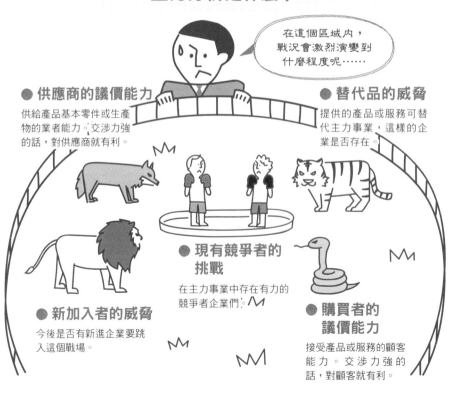

在這個區域內，戰況會激烈演變到什麼程度呢……

● 供應商的議價能力

供給產品基本零件或生產物的業者能力。交涉力強的話，對供應商就有利。

● 替代品的威脅

提供的產品或服務可替代主力事業，這樣的企業是否存在。

● 現有競爭者的挑戰

在主力事業中存在有力的競爭者企業們。

● 新加入者的威脅

今後是否有新進企業要跳入這個戰場。

● 購買者的議價能力

接受產品或服務的顧客能力。交涉力強的話，對顧客就有利。

營太接著說:「舉個例子,就用牛丼業界來試想吧。」首先,這圈子就有三大連鎖店這些強大競爭者。也不得不和拉麵店等價位相近的餐飲店搶生意,最近就連迴轉壽司之類的店家都會端出牛丼來爭奪顧客。選項如此之多,當然就能讓顧客任意選擇。牛丼的材料調度也比較容易,若是想一舉打入這個市場,可以預期會面臨到相當嚴苛的挑戰。

牛丼業界的情況

不光只有競爭者企業的影響,整個業界環境也太激烈了……

● 供應商
因為牛丼的材料容易調度,所以牛丼店比肉或蔬菜生產者強勢。

漢堡店

定食屋

牛肉業者

吉野家

松屋

洋蔥業者

迴轉壽司店

拉麵

● 替代品
類似的價錢還有拉麵店等店家爭奪客人,競爭激烈。

SUKIYA

顧客

● 現有競爭者
吉野家、松屋、SUKIYA等多種品牌或自營店交戰激烈。

家庭餐廳

● 新加入者
因為不易形成差異化,參戰門檻低。

● 購買者
因為有非常多的選擇,所以顧客比牛丼店強勢。

經營戰略❷

02

想在競爭中贏過對手，該採取什麼戰略呢？①

討論過業界之後，就要來思考贏過其他公司的方法。想要戰勝其他對手的話，應該怎麼做才恰當呢？

「決定業界之後，接下來就是調查競爭對手企業囉。」營太這麼建議。想要贏過其他對手公司，主要有3種戰略。其一，就是「**成本領導戰略**」。這是業界盡力降低生產製造時消耗的資金，藉此提高獲利、以便宜的價格大量生產來攻佔市場的方法。因為是以大量生產為前提，對於握有豐沛資金的大企業來說，必然是比較有利的戰略。

成衣企業的成本領導戰略

成本領導戰略，不光只是能減少在廣告或製造時的支出。如果有間成衣企業A社，能夠以壓倒性的便宜價格比對手B社鋪更多貨到市場上，就可能迫使B社從這個成衣戰局撤退。一旦競爭對手減少後，A社就可能藉由提高價格的彈性，來謀取更大的利潤。

經營戰略❷

03

想在競爭中贏過對手，該採取什麼戰略呢？②

為了要戰勝競爭對手企業，還得留意一個大的方向性，就是要明確地展現出和對手的差異性，藉此抗衡。

經子同學提問：「這樣的話，不就會有很多企業都採用相同的戰略嗎？」營太回答：「沒錯。舉個例子，大企業就好像是班上的優等生對吧。例如文武雙全的班長……。不過，他也不見得能獲得所有人的喜愛。若是有個擁有班長缺乏的魅力——像是個性風趣或其他獨特魅力的人也會受到歡迎，沒錯吧？」這種凸顯出自己獨有魅力的戰略，就是**差異化戰略**。

差異化戰略是什麼？

成本領導戰略

運動萬能

班長的能力

擅長讀書

風趣

熟悉遊戲和漫畫

差異化戰略

「摩斯漢堡就是個著名的案例。相對於麥當勞這個業界龍頭，摩斯漢堡不是顯得很特別嗎？」經子同學也表示贊同：「真的耶，像是米漢堡之類的。」營太又接著解析：「其他方面還有限定選用國產生鮮蔬菜，或是從全國分店募集創意再進行商品化等方針。」摩斯漢堡就是透過這樣的體制，打造出雖然價格較高，但餐點健康又獨特的品牌形象。

摩斯漢堡的差異化戰略

國產生鮮蔬菜

使用國產蔬菜，標榜健康又安全的形象。

和各店鋪間的連結很強

從各店職員募集商品創意，將構思出的當地特色漢堡商品化。

獨特的餐點菜單

很早就推出米漢堡、玄米片奶昔等商品。

摩斯漢堡給人有趣的印象呢

雖然比較貴，但還是想去吃

One point

摩斯漢堡確立品牌之後，即便價格較高，為此傾心的消費者還是會願意買帳。只不過近年來多了便利商店和海外品牌的競爭，也讓他們陷入苦戰。

經營戰略❷
04
想在競爭中贏過對手，該採取什麼戰略呢？③

到這個階段我們所認識到的兩個戰略，都是以多數人為對手取向的戰略，其實還有能更加聚焦在特定目標的戰略存在。

經子同學接著詢問：「在這兩種之外還有其他方法嗎？」營太回答：「有喔！第3個選擇，就是**集中戰略**。」前兩個戰略都是以社會上的多數人為對象，而集中戰略，則是限定在聚焦特殊顧客範圍的地域，以削減開銷來進行差異化。例如著名的快時尚品牌思夢樂，就是鎖定在20～50多歲階段的主婦客群，削減支出以讓售價更便宜。

集中戰略是什麼？

削減成本！

思夢樂

One point

思夢樂是以買斷的方式進貨，因此能夠以便宜的價格販售商品。某店過多的庫存也能輪轉到其他分店，在追求完售的層面也下足工夫。

思夢樂很便宜

20～50多歲的主婦

經子同學又問：「成本領導戰略和差異化戰略，一定只能選擇其中一邊嗎？」營太點了點頭說：「基本上是如此啦。想要魚和熊掌兼得，只會落得兩頭空的下場。」抑制開銷的成本領導戰略和增加開銷的差異化，看起來就是相反的兩條路。但是，也是出現了像TOYOTA這種實現雙方兼顧的企業，因此近幾年也出現了雙方或許能共存的見解。

成本領導戰略和差異化戰略可同時推動嗎？

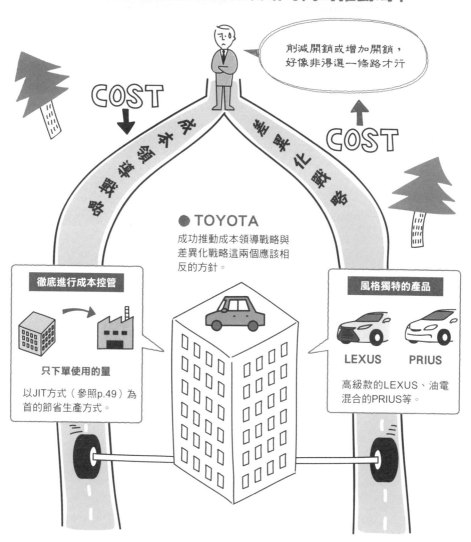

削減開銷或增加開銷，好像非得選一條路才行

COST

成本領導戰略

差異化戰略

COST

● TOYOTA
成功推動成本領導戰略與差異化戰略這兩個應該相反的方針。

徹底進行成本控管

只下單使用的量

以JIT方式（參照p.49）為首的節省生產方式。

風格獨特的產品

LEXUS　PRIUS

高級款的LEXUS、油電混合的PRIUS等。

經營戰略❷

05

希望能更縝密地檢視自家與他社之間的不同？①

決定好基本戰略後，接著就要來更加縝密地檢視自家公司的部門。

「想要更了解公司的強項，就得更縝密地去觀察公司的機能。」營太這麼說。首先，在製造或行銷等事業核心的主活動中，可以看到各部門之間像是接力賽那樣的互動。另一方面，支撐著主活動的人事或研究開發等支援活動，就好比各跑各的賽跑一樣。就像這樣，依據公司的機能來進行分類觀察的方法，就是**「價值鏈分析」**。

價值鏈分析是什麼？

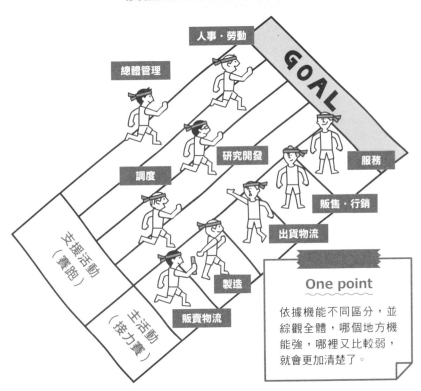

人事・勞動

總體管理

GOAL

研究開發

服務

調度

販售・行銷

出貨物流

支援活動（賽跑）

主活動（接力賽）

製造

販賣物流

One point

依據機能不同區分，並綜觀全體，哪個地方機能強，哪裡又比較弱，就會更加清楚了。

不論是賽跑還是接力賽，想要讓全部人的合計時間都縮短，就要去評估誰跑得快、誰比較慢、誰的速度應該要更快等問題。回歸到公司的話題，前面所說的時間就是利益。也就是說，希望提升公司整體的利益，就得去衡量提高哪項機能就能提升利益。此外，同樣的分析並不限定在自家公司，也能針對競爭對手進行強弱機能的調查。

找出自家與他社的不同處

經營戰略 ❷

06

希望能更縝密地檢視自家與他社之間的不同？②

了解自己的公司在這個業界之中是處於什麼樣的地位，這一點也是很重要的。

營太表示：「自己的公司在業界內是處於什麼樣的地位，這也是很重要的。在經營學者菲利普·科特勒（Philip Kotler）提出的論點中，將企業分為4種類型，各自採取不同的戰略。這就稱作**競爭性定位戰略**。」這4種類型分別是，市佔率第一名的「領導者」、鎖定頂點的第二名「挑戰者」、第三名開始分別是不以頂點為目標的「跟隨者」、在特定市場建立自己地位的「利基者」。

科特勒分類下的4種企業

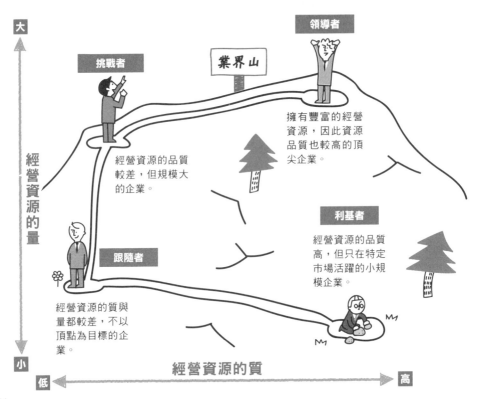

依照科特勒的論點，領導者採取的戰略，就是維持且擴大市佔率。當他社出現優秀產品時能馬上模仿、接著大規模推動，抑制他社的成長（Plug in）。挑戰者採行尋找領導者尚未參戰的市場，並努力耕耘的差異化戰略。跟隨者的方針是在模仿上位企業的基礎上進行徹底成本削減、利基者則是以其在大企業未參與的市場所建立起的地位為基盤。

每個類型各自採用的戰略

經營戰略❷

07

該怎麼判斷出
會賺錢的事業呢？

在進行確立經營戰略之際，必須要謹慎檢討該事業領域是屬於容易獲利的類型，還是不容易獲利的類型。

「附近的食堂不太賺錢，但是家庭餐廳卻生意興隆，這是為什麼呢？」經子同學提出了自己的疑問。「因為有賺錢的事業跟不賺錢的事業。」營太這麼回答。「是否能獲利，可以用兩條軸線來進行評估。就是『競爭要因的多寡』和『從競爭中勝出的可能性』。將兩者合併思考的分析法，就是**競爭優勢矩陣**。」

競爭優勢矩陣是什麼？

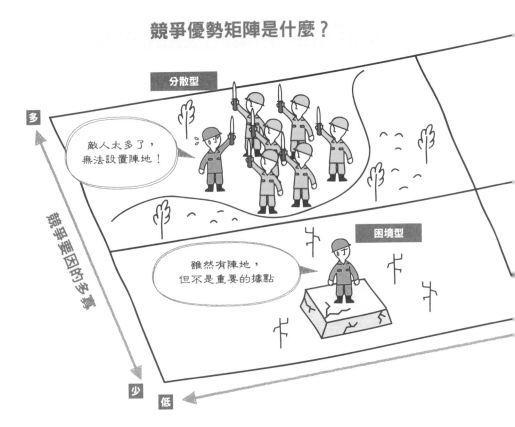

具體用事業來舉例的話，首先醫藥品和測量機器等，就是屬於收益性高、有差異化的特化型。汽車和製鐵等，是收益性低、但可藉由事業規模產生差異化的規模型。餐飲和成衣等，屬於收益性高、難以差異化的分散型。最後收益性低、差異化困難的困境型，則是有水泥和石油化學等事業。因此，分散型和困境型就是很難賺錢的事業。

從競爭中勝出的可能性

One point

舉例來說，個人經營的餐廳是分散型，如果連鎖加盟化或是多開分店，就能轉換成規模型。

經營戰略❷

08

請大家也試著實際去進行模擬吧！

當大家實際開創一個新事業時，應該嘗試去模擬出會發生什麼問題，以及在那種情況下又該如何應對，這是非常重要的。

營太說：「那麼，雖然在開創事業之前已經思考過很多經營戰略了，但實際發生某種情況時，又會變得如何呢？接下來就要針對這點來進行更具體的評估。」首先，要盡可能預想在開創事業時有可能出現的問題要因。接著從裡面選出2個可能對自己的事業有較大影響的因素。例如，試想在汽車產業，「日圓升值」和「人口的增減」應該是影響較大的兩者。

情景計劃是什麼？

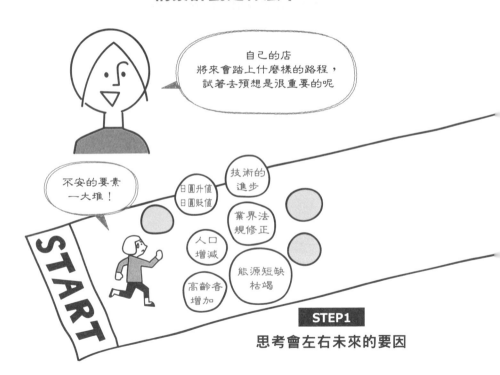

＊情景計畫的日文名稱「シナリオ・プランニング」，在日本是株式会社グリーンフィールド コンサルティングの登錄商標。

接著，我們將「日圓升值、貶值」和「人口的增減」相互搭配組合，描繪出各種預測情景。舉例來說，當「日圓升值」×「人口減少」，就能推測出出口部門的收益變差、伴隨人口減少而來的顧客減少這種糟糕的未來。在這個基礎上，以4種預想情景來思考因應將來課題的對策。這就是所謂的**情景計畫**。

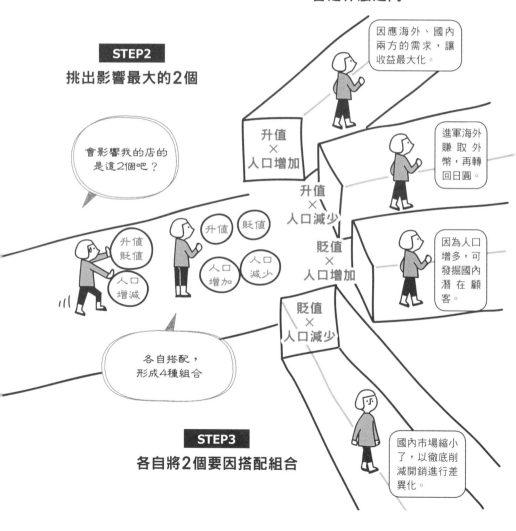

STEP4
模擬搭配出的4種組合，
會是什麼走向

因應海外、國內兩方的需求，讓收益最大化。

STEP2
挑出影響最大的2個

進軍海外賺取外幣，再轉回日圓。

會影響我的店的是這2個吧？

升值
×
人口增加

升值
×
人口減少

升值　貶值

貶值
×
人口增加

因為人口增多，可發掘國內潛在顧客。

升值
貶值
人口
增減

人口
增加　人口
減少

貶值
×
人口減少

各自搭配，形成4種組合

STEP3
各自將2個要因搭配組合

國內市場縮小了，以徹底削減開銷進行差異化。

經營戰略❷

09

該怎麼確認戰略
有順遂地進行呢?

到了將議定好的戰略付諸實行的階段,就必須針對戰略是否有順暢推展
這一點來進行確認和改善。

營太繼續介紹:「即便決定好戰略,若是不能有效執行的話就沒有意義囉。你
有聽過**PDCA**嗎?經營過程中必須要經常進行修正改善。」這裡的PDCA(循
環式品質管理),是取自Plan(計畫)、Do(實行)、Check(查核)、Act
(改善)的首文字,是一個確認戰略是否成功進行的循環模式。不光是經營戰
略的層面,這4個步驟的循環對個人的工作規劃也能派上用場。

預算管理的PDCA事例

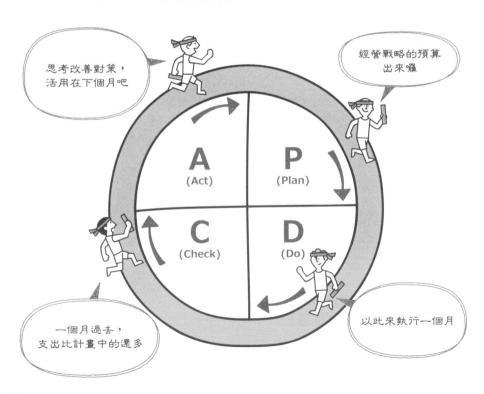

BSC的思考法

顧客

> 將試營運時
> 得到的顧客意見
> 列入考量

> 因為生產很花時間，
> 有必要增加機械和人力

> 您要求營業額，
> 但支出很難打平呢

企業內部流程　　　經營戰略　　　財務

> 要不要在開發部門
> 採用新人呢？

學習・成長

「另外，在實行與查核的階段也可使用其他的方法。那就是**BSC**（Balanced Scorecard，平衡計分卡）。」營太接著說明。所謂的BSC就是將經營戰略以4個觀點來進行檢核。藉由從財務、學習・成長、企業內部流程、顧客等4個角度切入，讓不要只被收益侷限的挑戰型社風以及社員參與型經營得以實現。

經營戰略❷
10

樂天和Google的經營戰略是什麼？

讓世界總市值TOP5的企業都採用的經營戰略是什麼呢？

經子同學發問：「到這裡我們已經看過各種經營戰略的理論了，能夠用實際的企業來舉個例子嗎？」營太點頭回答：「當然沒問題。就來說說樂天代表性的**平台戰略**吧！」所謂的平台戰略，就是指打造出一個『場域』，來為各式各樣的公司與使用者進行仲介的經營戰略。由樂天所推出的樂天市場，就是將顧客與店家連結起來，創造出一個大型商業體系的例子。

樂天市場的構成

店家

優點
· 開店費便宜
· 能在客人多的地方開店

開店費超便宜，還有各種商店，客人也因此增多！

降低開店費，請店家多參與！

樂天

顧客

優點
· 沒有外出的必要
· 能便宜地買到各種東西

優點
· 開店費
· 銷售額的一部分
· 廣告與結帳的收入

有浪多東西，相當熱鬧，還能拿到點數！

One point

微軟、Google、Amazon、Facebook 都是靠這點疾速成長的。

※平台戰略的日文名稱「プラットフォーム戦略」，在日本是株式会社ネットストラテジー的登錄商標。

家元制度是什麼？

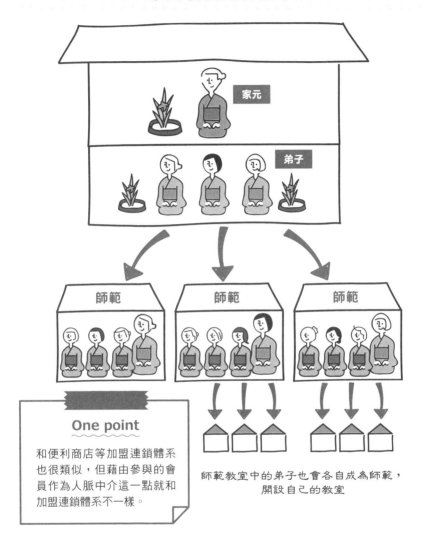

One point

和便利商店等加盟連鎖體系也很類似，但藉由參與的會員作為人脈中介這一點就和加盟連鎖體系不一樣。

師範教室中的弟子也會各自成為師範，開設自己的教室

此外，日本自古以來的傳統文化，像是茶道或花道等教室的家元制度也和平台戰略很相似。家元會在教學場所把技術與實際做法傳授給弟子。在那裡修業的弟子們，於取得師範資格後，還會開設教室、再將親朋好友帶進這個圈子，因此和這個場域相關的人士就因此增加了。只要增加新的弟子，家元就能獲得教材費及師範認定費等收入，這也可以說是平台戰略的一種形式。

經營戰略❷

11

真的有源自日本的
經營戰略嗎？

讓中小企業可以勝過大企業的弱者戰略是什麼呢？

「最後，我們來介紹一下誕生於日本的戰略吧！這是日本的經營管理顧問田岡信夫先生，將英國出身的工程師蘭徹斯特所提倡的軍事法則運用在經營領域的戰略。」營太這麼說。蘭徹斯特構想的軍事法則主要有「單挑的法則」和「集中效果的法則」這兩項基本原則，在第二次世界大戰時帶來豐碩的戰果。

蘭徹斯特的軍事法則

第一法則 **單挑的法則**
擁有2倍戰力差距時，戰力差距是2倍。

VS

敵軍數量
太多了，打不贏

10人　　　　　　　　　　5人

第二法則 **集中效果的法則**
擁有2倍兵力差距時，戰力差距變為4倍。

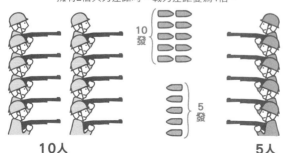

10
發

5
發

這兩個法則所顯示的意義在於，兵力少的時候請使用「單挑戰法」、兵力多的時候請選擇「有集中效果的戰法」。

10人　　　　　　　　　　5人

※蘭徹斯特戰略的日文名稱「ランチェスター戰略」，在日本是株式会社ランチェスターシステムズ的登錄商標。

單挑法則的事例

店內調理

九州限定

鎖定區域

便當店

鎖定區域，並藉由和連鎖店澈底差異化的方針，在地方培養忠貞支持者的戰略。

擁有內用區空間的店舖

One point

在蘭徹斯特戰略中，中小企業會以差異化、區域戰略、單點豪華主義等方式和大企業競爭。

營太接著解釋：「把這個應用在經營戰略層面的，就是**蘭徹斯特戰略**。」也就是說，孱弱、小規模的公司要篩選領域鎖定，將經營資源集中在上面，使用「單挑的法則」是最好的。如果是在有限的範圍之中，就有可能贏過大企業。相反的，大企業則是該選擇「集中效果的法則」。在寬廣的範圍內大量活用經營資源，以此氣勢壓倒中小企業。

改變發展至今
顧問型態的麥肯錫公司

　　各位有沒有聽過麥肯錫這間公司的名稱呢？他們是擁有世界各地大企業客戶的經營管理顧問公司喔。

　　MBA資格是在19世紀的時候誕生的。而大量採用取得MBA資格的優秀學生、一口氣大舉成長的，就是被稱為經營管理顧問公司（Consulting Firm）的企業群體。麥肯錫公司作為其中的一員，將原本以資深經營者的經驗為中心來提供建言的職業，轉變為以資料為中心來分析並交由優秀的年輕MBA取得者來進行的新型態。

　　此外，以顧客利益為最優先考量的「顧客至上主義」，也是麥肯錫公司至今還能在經營管理顧問業界位居龍頭地位的要因。

chapter 5

行銷的疑問

經子同學這次拜訪了另一位經營店家的叔叔。
在和他談天的過程中，
叔叔好像要傳授經子同學，
在經營一家店的時候
絕對不可缺少的行銷方針喔。

行 銷

01

行銷是什麼呢？

為了銷售產品或服務，就必須了解顧客想要的究竟是什麼。那麼，該用什麼方法去獲得這樣的情報呢？

經子同學前去拜訪了曾研讀行銷學、現在自己開設一間店的叔叔。他對經子同學這麼說：「在構思商品或服務的時候，如果能不靠自家宣傳，就能讓顧客直接買單的話，就是很理想的情況。如果推出的是社會上有所需求的東西，客人自然就會來消費。因此，我們要調查社會大眾的需求，從中發掘出客戶——用正式一點的說法就是要**創造顧客**。」

創造顧客是什麼？

「在創造顧客的時候，有兩點相當重要。第一點是**行銷**，第二點則是**創新**。」所謂的行銷，就是要詳細調查某個族群的人會有什麼需求，再配合那些需求製作合適的產品或服務，建構出即便不必在銷售面費神也能自然而然就讓客人買單的情勢。另一方面，創新是要發掘出尚未浮上檯面的顧客需求，為市場及社會帶來變化。

行銷與創新

● 行銷

這個區域有很多辦公室群聚，年輕人也很多

但是還沒有人在這裡開咖啡店，會不會有這樣的需求呢？

● 創新

選用別的店家沒採用的咖啡豆，針對咖啡狂熱者取向的咖啡店

可以親近珍奇的蛇或蜥蜴等生物的爬蟲類咖啡店

行　銷

02

行銷的對象是誰？

雖然行銷的對象是顧客，但因應時代不同，執行面以及思考方式都要隨之有所變化才行。

叔叔繼續說明關於行銷的知識。「科特勒這位經營學者提出一個論點，指出行銷將會發生4個階段的變化。」首先，就是思考如何販售製作出的產品、評估如何促進銷售的**行銷1.0**階段。接下來，進入到顧客能夠更輕易地獲得產品和情報的時代，就變化為以消費者意向為考量、構思如何依照顧客需求來生產他們所需產品的**行銷2.0**階段。

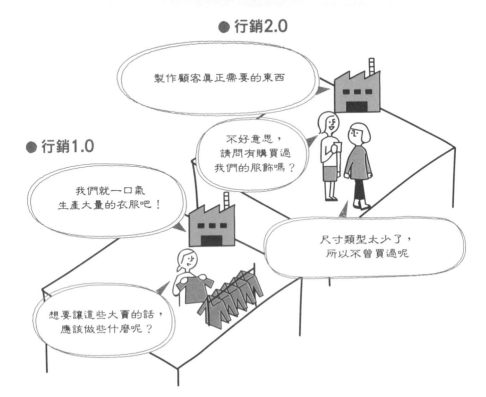

行銷的4階段變化

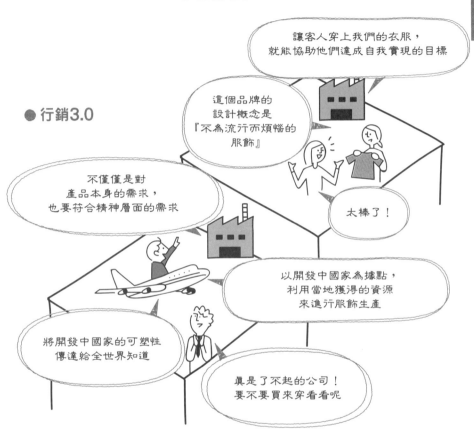

● 行銷4.0

● 行銷3.0

時代繼續往下推進，這次輪到不光是考量機能面，還要顧及社會貢獻等滿足世人精神富足價值觀所主導的**行銷3.0**階段登場。而接續其後的，就是科特勒在2014年所提出的**行銷4.0**階段。這是一種為了因應支援、促進顧客的自我實現訴求，開發出相應的商品以及服務，藉此打造出能為顧客帶來驚奇體驗與感動事物的提案。

所謂涵蓋社會貢獻的行銷是指什麼？

行銷與社會的關係其實是相當密切的，近年來受到大眾矚目的，就是將社會貢獻納入行銷方針的模式。

「你在大學有涉獵到企業與社會的關係這個議題嗎？」這次換叔叔對經子同學提問。經子同學回答：「嗯……是CSR和CSV對吧！（p.38～39）有在課堂上學過。」叔叔說：「你知道得不少嘛。將CSV納入行銷方針的模式，就稱為**善因行銷**（Cause-related Marketing。簡稱CRM）。」

美國運通的CRM

American Express®

美國運通為了自由女神的修復工作，
開始了客戶辦理AMEX卡就捐出1美元、
使用卡片消費就捐出1美分的計畫。

現在辦卡的話，美國運通就會捐給
自由女神修復計畫1美元……
要不要加入呢

所謂的善因行銷，就是將產品或服務的一部分收益捐給慈善團體的活動，藉此同時達成社會貢獻與提高營業額的目標。顧客得以便利地進行捐款來響應社會貢獻、企業也能因此增加營業額和顧客、慈善團體方面則是能收到捐獻。對於顧客、企業、社會這三者來說，都能帶來滿意的結果。

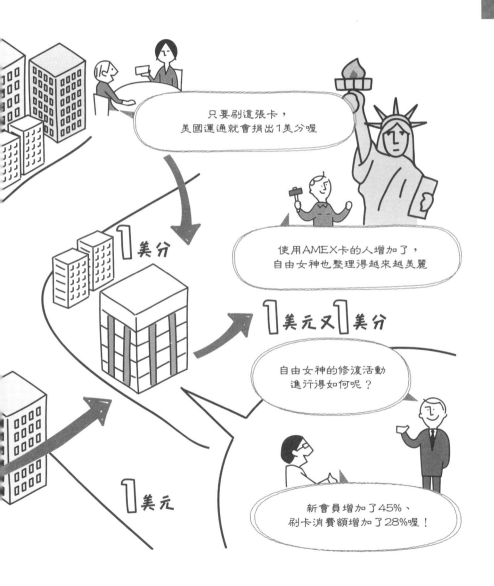

只要刷這張卡，
美國運通就會捐出1美分喔

使用AMEX卡的人增加了，
自由女神也整理得越來越美麗

自由女神的修復活動
進行得如何呢？

新會員增加了45%、
刷卡消費額增加了28%喔！

1美分

1美元又1美分

1美元

04

行銷是如何進行的？①

我們已經大致上掌握了行銷的整體全貌。只不過，當各位要實際去進行的時候，又該從什麼地方開始著手才好呢？

經子同學詢問叔叔：「但是，關於行銷，實際上應該怎樣進行才比較適當呢？」叔叔說明：「首先得先決定，賣給誰、賣什麼、在哪賣、多少錢、該怎麼賣等事項。這就是所謂的**行銷戰略**，我們先來檢視它的整體全貌吧！」行銷戰略會依序經歷**研究**、鎖定目標、行銷組合、目標的設定與實施、監控管理等5個階段性步驟。

行銷戰略的整體全貌

②鎖定目標

從年齡或性別等各式各樣的切入點區分客群，明定面對不同客群所採用的差異化方針。

①研究

進行業界的結構與動向、自家內部與外部的環境分析，以及企劃新創事業的分析。

③行銷組合（MM）

具體思考產品、價格、流通、宣傳等問題，從中找出最適當的搭配組合。

④目標的設定與實施

決定實際的目標數值，並且去執行它。

將這5個步驟明確化是很重要的

⑤監控管理

確認選擇的戰略是否成功！如果成效不彰就要有所改善。

「首先是研究。你已經知道經營戰略有很多不同的分析方法了吧？接著就用那些分析工具，明確釐清自家公司所身處的環境與位置。」具體來說，可用PEST分析（p.44）掌握大致輪廓，接著以PPM（p.56）或五力分析（p.64）確認業界結構。再用3C分析（p.42）、SWOT分析（p.46）、價值鏈分析（p.72）等工具來讓競合他社與自社的不同更加明朗化。

用各式各樣的方式分析自社所面臨的環境狀況

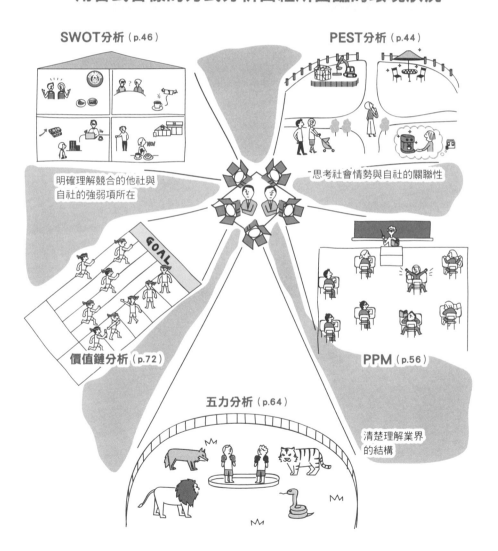

SWOT分析（p.46）

明確理解競合的他社與
自社的強弱項所在

PEST分析（p.44）

思考社會情勢與自社的關聯性

價值鏈分析（p.72）

PPM（p.56）

五力分析（p.64）

清楚理解業界
的結構

行銷
05

行銷是如何進行的？②

經過研究之後，就要評估自家產品的目標是什麼。究竟該怎麼鎖定那項目標呢？

經子同學問：「接下來是目標的確立對吧。要怎麼做才好呢？」叔叔說：「要確立目標的話可分為**STP**這3個步驟。首先是市場區隔（Segmentation）──將顧客從各種角度來細分。接著是選擇目標市場（Targeting）──在區分後的顧客客層之中決定鎖定的對象。最後是品牌定位（Positioning）──對鎖定的目標對象，明確傳達自社產品的定位。」

某個成衣品牌的STP案例

①市場區隔
將顧客用不同的切入點區分。

③品牌定位
向目標對象明確傳達自社產品的定位。

②選擇目標市場
想要鎖定哪一個客層。

20多歲的男性中，願意在衣著上花錢、喜愛時尚的人。

20多歲的男性

街頭廣告

藉SNS擴散

#〇〇〇〇

在進行定位的時候，為了讓目標客群能夠明確地理解我們和競爭對手之間的差異性，就要製作定位圖。首先要將整個業界用2條軸線來區分。這2條軸線會因產品的不同而有所變化。舉個例子，我們用成衣品牌ZARA來做檢視的話，就能在機能性／時尚性和平價／高價這2條軸線分出的業界地圖中，為自家公司標記定位。

ZARA的定位圖

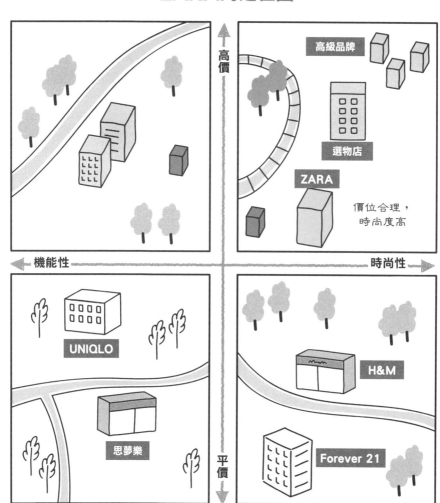

行銷是如何進行的？③

一旦目標明確化之後，就要開始評估能驅動目標的4個要素。

「目標已經確定了，接著就再更具體地思考一下吧。你知道**4P**是什麼嗎？」
被叔叔這麼一問，經子同學陷入了苦思。叔叔解釋：「這個4P，是指Product
（產品）、Price（價格）、Place（流通）、Promotion（宣傳），至於評估
將這四者搭配出對目標最有效的組合，則稱為**MM**（Marketing Mix，行銷組
合）。」

成衣業界的4P事例

用4個相互咬合的齒輪來試想看看

這裡必須要注意的，就是在進行4P步驟前一定要先執行STP。之所以要這樣做的原因，是因為改變目標市場或品牌定位的話，觸及客人的方式也會隨之變化。舉例來說，會購買驗孕棒的顧客，就分為「想要有孩子」跟「還不想要孩子」兩種類別，對於前者要使用鮮明醒目的產品包裝、後者則是低調不起眼的包裝。如同這個例子，我們要因應不同的情況去改變4P的設定內容。

目標改變的話，4P也會跟著改變

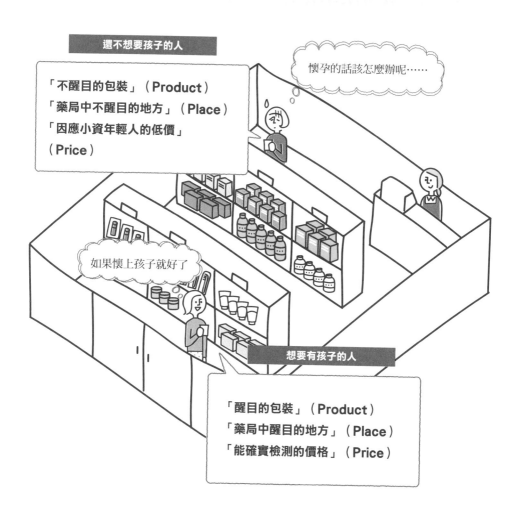

還不想要孩子的人

「不醒目的包裝」（Product）
「藥局中不醒目的地方」（Place）
「因應小資年輕人的低價」
（Price）

懷孕的話該怎麼辦呢……

如果懷上孩子就好了

想要有孩子的人

「醒目的包裝」（Product）
「藥局中醒目的地方」（Place）
「能確實檢測的價格」（Price）

行銷
07

該如何得知顧客對產品是否滿意？

關於顧客對產品的滿足度到底有多高這個問題，到底該從何得知呢？

經子同學突然浮現出一個疑問，因此問了叔叔：「我們該怎麼知道顧客對這個產品到底滿不滿意呢？」叔叔說：「這個問題很好。顧客究竟有多滿意，具體來說就是**CS**（Consumer Surplus，消費者剩餘），這是由顧客所獲得的東西（Benefit，利益）減去付出的東西（Cost，花費）之後所決定的價值。」

為了提高CS的5個改善對策

CS＝利益 減去 花費

100

叔叔接著解釋：「然後，如果最後得到的價值很低的話，就要靠5個改善對策去提升它的價值。」舉個例子，我們用飯糰銷售來試想看看，以能夠讓客人得以滿足的總和值為目標，去分別進行美味度和價格的調整。這裡為了讓說明更簡單明瞭，所以用美味度表示利益、用價格表示花費，除此之外，還能夠替換成各式各樣不同的要素。

行銷

08

BtoB · BtoC是什麼呢？

所謂的顧客可不只是個人使用者，企業也會成為顧客喔。

經子同學的心中還有疑惑，因此發問：「到現在為止的討論，都是把顧客視為個人來評估，但公司企業也會成為顧客沒錯吧？」叔叔說：「你注意到了呢！以個人為對象進行的產品交易稱為**BtoC**（Business to Customer）、而以企業為對象進行的產品交易則是**BtoB**（Business to Business）。」你的顧客是個人還是企業，就行銷面來說會有很大的不同。

BtoB和BtoC的差異在哪裡？

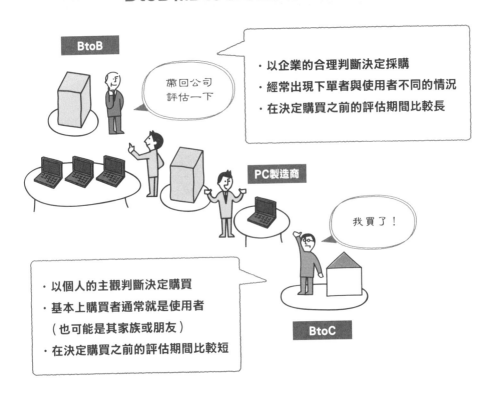

BtoB

帶回公司評估一下

· 以企業的合理判斷決定採購
· 經常出現下單者與使用者不同的情況
· 在決定購買之前的評估期間比較長

PC製造商

我買了！

· 以個人的主觀判斷決定購買
· 基本上購買者通常就是使用者
  （也可能是其家族或朋友）
· 在決定購買之前的評估期間比較短

BtoC

針對BtoB的行銷，在目標的選定方法上也會有所改變。在以個人為對象的場合，是用年齡或性別等資料來區分，而企業的情況則是靠業種或企業規模等資訊來評估。再來，要以會上網蒐集資訊，並會要求報價的企業為目標。針對個人部分的行銷，對該使用者來說，產品或服務的必要與否就是重要的指標，而企業的情況就轉變為對該公司是否必要。

BtoB的行銷

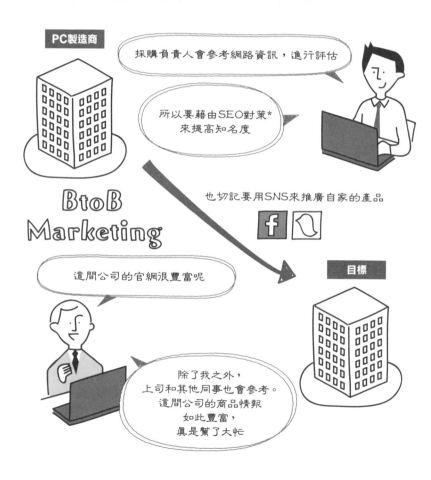

＊SEO對策……搜尋引擎的優化。讓人在搜尋自家的產品時，能夠盡可能出現在比較前面的順位。

09

產品也是擁有一生的，這句話什麼意思呢？

不論是產品還是服務，幾乎都不可能在市場上持續地銷售下去。就如同人的一生那樣，產品也是有屬於它的一生。

叔叔說明：「不管是產品還是服務，想要一直賣下去是很困難的。就像人的一生那樣，產品也是有屬於它的一生。產品的一生分為4個時期，這就叫**產品生命週期**。」這4個時期，就是導入期、成長期、成熟期、衰退期，在每個時期都有各自應該採用的各式行銷戰略。正因為如此，充分理解自家的產品現在是位於哪個階段，是很重要的。

在各時期應該採行的行銷戰略

接著針對每個時期再稍微說得更詳細一點，導入期就是新產品剛剛在市場上問世的時期。在成長期階段，營業額會迅速地提升，但競爭對手企業也會跟著增加。接下來，成熟期的市場爭奪戰會更加劇烈，想攻占市佔率會變得很困難。到了最後的衰退期階段，因為市場上會充斥各種替代產品，很多企業的營業額都會下滑。只不過，也是會出現在過了成熟期之後再次進入成長期的案例存在，因此也並非一定是照這個過程來演進。

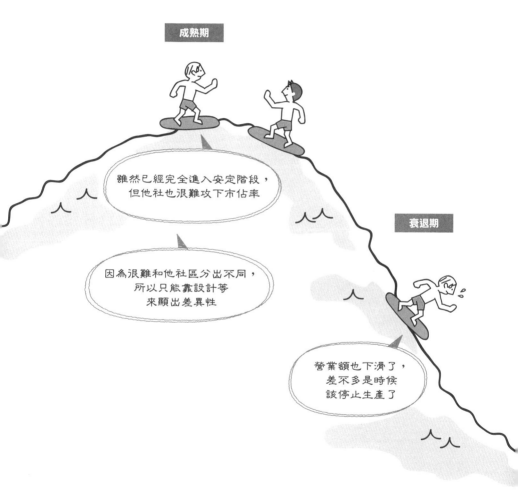

成熟期

雖然已經完全進入安定階段，
但他社也很難攻下市佔率

衰退期

因為很難和他社區分出不同，
所以只能靠設計等
來顯出差異性

營業額也下滑了，
差不多是時候
該停止生產了

行銷

10

希望能讓顧客更加滿意的話，應該怎麼做？①

如果想要提升顧客的滿意度，該怎麼做才恰當呢？其中一個方法就是個別對應這種戰略。

叔叔拋出問題：「如果想要讓顧客的滿意度更加提升，應該要怎麼做才好呢？」他又接著說明：「對此，就要讓客人覺得『這是為了我量身打造的』，然後建立起持續性的信賴關係，這是相當重要的。這就是所謂的**一對一行銷**（One-To-One Marketing）。」另一方面，以多數對象為目標，施行一貫的方針，就稱為大眾行銷（Mass Marketing）。

日本自古以來的一對一行銷

● 富山的賣藥人

富山賣藥人會挨家挨戶送上居家必備的常備藥品，同時也補充客戶先前用掉的存量。因為能掌握每個客戶家庭的健康狀況，因此與客戶建立起信賴感。

「經子有在網路上買過東西嗎？」叔叔問道。經子同學回答：「有喔。因為網路商店都會顯示很多推薦商品，經常不知不覺中就買了很多呢。」叔叔說：「嗯，這就是使用IT技術的一對一行銷。系統會參考你的購物履歷來提供推薦商品，再藉由mail來發送訊息，吸引你再次消費。」

電子商務交易的一對一行銷

藉由提供適合每位使用者的情報，
強化與顧客間信賴關係的穩固

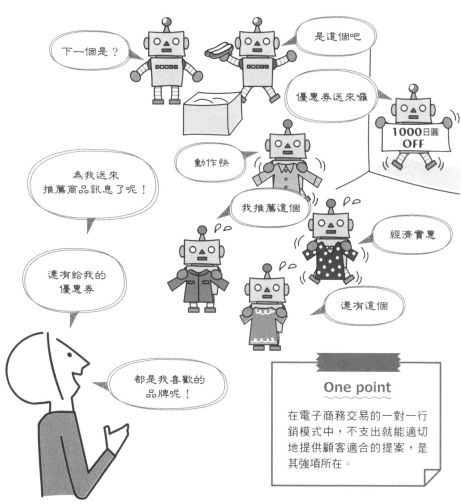

One point

在電子商務交易的一對一行銷模式中，不支出就能適切地提供顧客適合的提案，是其強項所在。

行 銷

11

希望能讓顧客更加滿意的話，應該怎麼做？②

企業會將消費履歷等顧客個人資料加以管理，並將這些訊息活用在各式各樣的層面。

經子同學突然想到：「也就是說，企業會收集和我一樣在購物網站上消費的顧客資料嗎？」叔叔回答：「確實是這樣沒錯。不只是購物網站，像是一般店家或電視購物等通路也握有顧客的消費履歷和個人情報，並且運用它們來對顧客做出相當細微的應對。這樣的模式就是**CRM**（Customer Relationship Management，客戶關係管理）。」

CRM是什麼？

用水滴比喻顧客資料的話，管理資料的部門就像是水庫一樣。
將先前收集起來的各種情報，在適當的時機釋放出來。

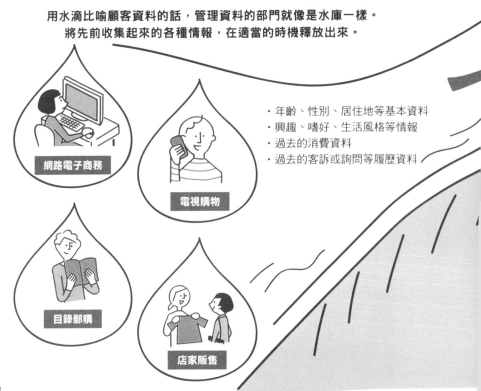

網路電子商務

電視購物

· 年齡、性別、居住地等基本資料
· 興趣、嗜好、生活風格等情報
· 過去的消費資料
· 過去的客訴或詢問等履歷資料

目錄郵購

店家販售

電子商務交易或一般店家所獲得的顧客消費履歷和個人資料等訊息，都會集結在企業的資料管理部門，統一進行分類管理。然後再從這裡把資訊發送給會實際接觸顧客的業務或客服等部門，讓它們加以運用。如果顧客的資料越多越豐富，就能因應每個客戶不同的情況進行細緻的推薦或應對，因而提升客人的滿意度。

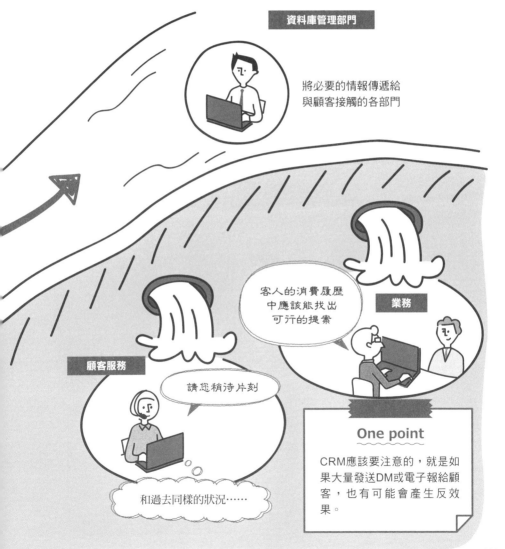

資料庫管理部門

將必要的情報傳遞給
與顧客接觸的各部門

客人的消費履歷
中應該能找出
可行的提案

業務

顧客服務

請您稍待片刻

和過去同樣的狀況……

One point

CRM應該要注意的，就是如果大量發送DM或電子報給顧客，也有可能會產生反效果。

12

重視特定的客群
會賺錢嗎？

若是能重視那些頻繁地大量購買自家產品的顧客，就能達到提升營業額的成果。

「會頻繁地大量消費的客人，對於企業來說是最棒的顧客吧？只要重視這個客群，就能讓營業額有所提升了，不是嗎？」經子同學繼續思考。叔叔驚訝地說：「你很敏銳呢！就像經子你現在說的那樣，其實有相關論點認為，約有8成的營業額其實是由2成的顧客去支撐的，這被稱為**帕累托法則**（Pareto principle）。」

帕累托法則

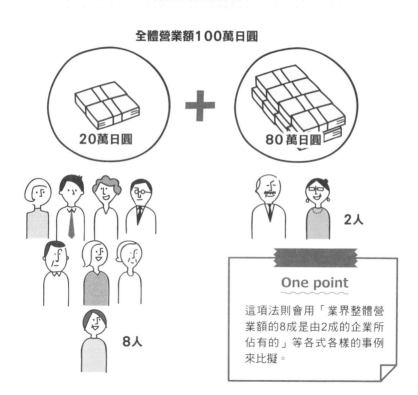

全體營業額100萬日圓

20萬日圓 ＋ 80萬日圓

2人

8人

One point

這項法則會用「業界整體營業額的8成是由2成的企業所佔有的」等各式各樣的事例來比擬。

當然依照商品的不同，2成和8成這些數字也可能有比例上的變動。簡單來說，對特定事物要帶有偏重度，抱持這種評估方式是很重要的。這樣的思考方式在CRM的模式中是相當基本的。也就是說，藉著禮遇經常消費、花費金額也較大的那2成頂層優良顧客，就可以在增加營業額的目的上有所斬獲，請務必要為了那2成客人進行適切的行銷組合構思。

運用帕累托法則所進行的CRM

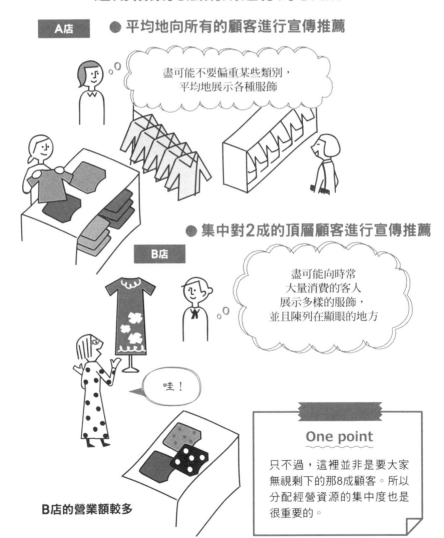

A店　● 平均地向所有的顧客進行宣傳推薦

盡可能不要偏重某些類別，
平均地展示各種服飾

● 集中對2成的頂層顧客進行宣傳推薦

B店

盡可能向時常
大量消費的客人
展示多樣的服飾，
並且陳列在顯眼的地方

哇！

One point

只不過，這裡並非是要大家無視剩下的那8成顧客。所以分配經營資源的集中度也是很重要的。

B店的營業額較多

行銷
13

最新式的行銷
該怎麼做呢？①

近年來，在網路系統日漸發達的情況下，新型態的行銷模式也隨之誕生。

「你一定知道7-ELEVEn吧？」叔叔問。「嗯，我還常去呢。」經子同學回答。叔叔說：「在現代社會，顧客可不只會在店裡挑選產品，還有像是手機、電腦、電視、目錄郵購等各式各樣的連結點（Channel）。將網路與現實生活加以融合、也是7-ELEVEn代表性的模式，就稱為**全通路**（Omni Channel）。」

全通路是什麼？

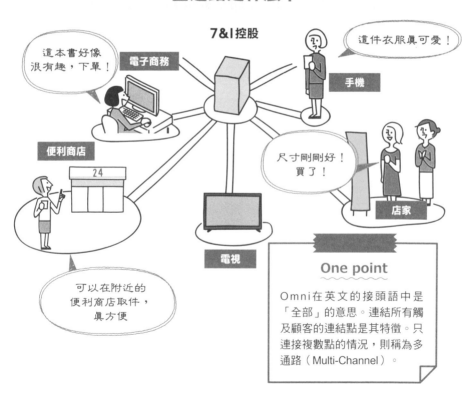

7&I控股

這本書好像很有趣，下單！
電子商務

這件衣服真可愛！
手機

便利商店

尺寸剛剛好！買了！

店家

電視

可以在附近的便利商店取件，真方便

One point

Omni在英文的接頭語中是「全部」的意思。連結所有觸及顧客的連結點是其特徵。只連接複數點的情況，則稱為多通路（Multi-Channel）。

「你知道即便到店裡的時候才發現商品缺貨，只要利用店內的終端機具設備，就能用線上購物下訂的模式嗎？這也是全通路的一種型態，稱作**無限貨架**（Endless Aisle）。」叔叔繼續解釋。無限貨架不僅具有防止銷售機會流失的效果，也擁有避免讓顧客對企業產生不良印象的功能。

無限貨架是什麼？

● 過去缺貨時的狀況

先前那件毛衣沒有了嗎？

真是非常抱歉，
商品目前缺貨中

如果您預約的話，
到貨時我們會通知您

還是算了……
去別家店看看吧

● 無限貨架的情況

先前那件毛衣沒有了嗎？

好喔！

店內沒有庫存了，
但是到敝公司的網站
上就能訂購

而且可以送到家裡的話，
就省下帶著走的麻煩呢！

One point

無限貨架的原文有著「無止盡的道路」這個意涵，也意指不會發生缺貨這種情況。

最新式的行銷
該怎麼做呢？②

「在店家現場看貨，但用網路下訂」這種消費經驗，相信很多人都有過，無印良品的嘗試是比較先驅的作法。

「現在的客人，即便店家有現貨，也會想著網路上會不會有更便宜的管道，因而經過各種搜尋調查後才消費。這種在店家現場看貨，然後從網路管道訂購的行為，就是**展示廳現象**（Showrooming）。」叔叔表示。經子同學問：「碰到這種情況該怎麼處理才好呢？」叔叔回答：「即使要在網路上購買，也要讓顧客在自社的線上購物管道消費，就是這時要採行的方針。」

展示廳現象是什麼？

「無印良品的MUJI passport這個APP就是這種形式。」叔叔接著說明。作為無印良品會員卡的MUJI passport，不只在店內或官網消費時可以累積點數，還能獲得優惠券，甚至可以查詢確認商品的庫存量。此外，如果留下購買商品的評價，也能再得到點數等等，為了讓顧客透過自家官網購物，無印良品就像這樣提供了具有各式誘因的APP。

MUJI passport的效果

因為MUJI passport寄來優惠券了，就來用掉吧！

留下評價又能再拿到點數，下次就可以用更便宜的價格買東西了！

想查詢其他的便宜管道也很花時間呢

One point

有在自家網站附設線上商店的企業，也有在Amazon或Mercari上展店的企業。

行銷

15

IT時代的行銷
該怎麼做呢？①

在現代的行銷模式中，網路是絕對不可缺少的。那麼該如何使用網路才好呢？

經子同學拜託叔叔：「現在的時代，果然還是要靠網路來集客呢。叔叔，請多教我一點活用網路的宣傳手法吧！」叔叔回答：「好，我教你幾招。在現今，要讓顧客了解自家公司的資訊，就要靠付費媒體（Paid Media）、自有媒體（Owned Media）、賺得媒體（Earned Media）這3種媒體。三者合稱為**Triple Media**（此為日本特有的用法，一般則稱為POEM，全稱為Paid Owned Earned Modelling）。」

Triple Media是什麼？

● **付費媒體（Paid Media）**
負責提高對自社認知度與關心度的任務

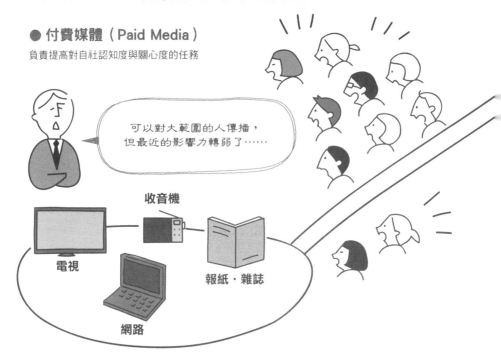

可以對大範圍的人傳播，但最近的影響力轉弱了……

電視

收音機

網路

報紙·雜誌

付費媒體，是指付錢後獲得服務的既有媒體。像是電視廣告、雜誌廣告、戶外廣告、網路廣告等就屬於此類。自有媒體，是由自家持有，能夠控制的媒體。例如自社網站或電子報，以及實體店面都是這個類別。最後的賺得媒體，是像部落格、評價網站、SNS等擁有自家無法控制特徵的媒體。

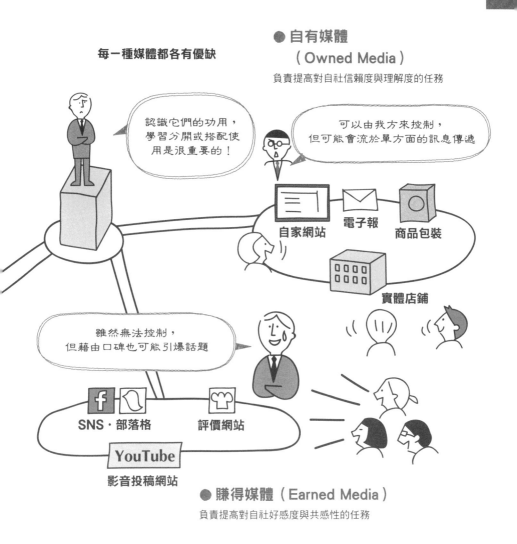

● **自有媒體**
（**Owned Media**）
負責提高對自社信賴度與理解度的任務

每一種媒體都各有優缺

認識它們的功用，學習分開或搭配使用是很重要的！

可以由我方來控制，但可能會流於單方面的訊息傳遞

自家網站　電子報　商品包裝

實體店鋪

雖然無法控制，但藉由口碑也可能引爆話題

SNS・部落格　評價網站

YouTube
影音投稿網站

● **賺得媒體**（**Earned Media**）
負責提高對自社好感度與共感性的任務

行銷

16

IT時代的行銷
該怎麼做呢？②

在網路廣告的領域之中，因應個人的興趣嗜好去顯示廣告，是該領域的
一個顯著特徵。

「你在Yahoo！搜尋一些東西的時候，廣告就會一起跳出來，對吧？」叔叔這麼問。經子同學回答：「對啊，因為總是會跑出跟我經常搜尋的甜點相關的廣告，總是不知不覺地就點進去看了呢。」叔叔說：「那類型的廣告就叫**關鍵字廣告**，也稱為搜尋連動型廣告，會和經子你搜尋的關鍵字連動，顯示出你可能會感興趣的甜點相關廣告。」

關鍵字廣告是什麼？

因應搜尋的關鍵字，顯示出可能會讓搜尋者感興趣的商品廣告

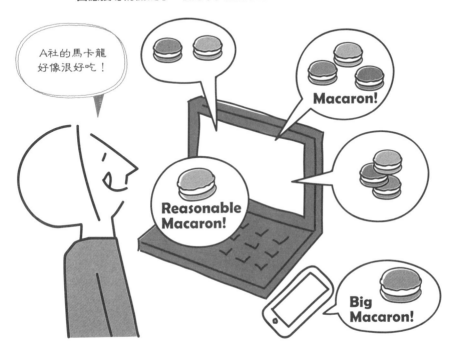

「一個人會去搜尋某個關鍵字，就代表對那項事物感興趣。如果顯示出和那個關鍵字相關的廣告，感興趣的人點進去看的機率就更高了。」叔叔繼續解釋。關鍵字廣告的運作模式，如果單純顯示的話是不需要費用的，廣告主只要因應使用者點擊的次數去支付相應的廣告費。另外，可以在廣告中呈現的關鍵字可以是複數的，所以更能讓人鎖定目標。

對刊登廣告之企業有益處的關鍵字廣告

只用馬卡龍當關鍵字的話，競爭對手太多、廣告費也會較高

A社網路廣告負責人

我們的馬卡龍價位適中合宜，就只顯示「馬卡龍」和「便宜」這兩個關鍵字給搜尋者看到吧

因為只有點擊才會產生費用，對企業方來說也比較好

One point

當複數的企業選擇同一個關鍵字時，會因為支付金額和點擊率的不同而改變顯示的順序。

行銷

17

IT時代的行銷
該怎麼做呢？③

不管多麼感興趣，只要知道是廣告之後就可能被人無視了。因此，從這個情況衍生出的，就是乍看之下不像廣告的廣告形式。

經子同學對叔叔說：「不過廣告有時很讓人厭煩呢。」叔叔回答：「沒錯，那就是廣告的弱點所在。而從這點發想出來的，就是**原生廣告**。它也被稱為不像是廣告的廣告，會自然融入你正在觀看的頁面內容結構就是它的特徵。而這樣的廣告，對於觀看者而言是否包含有意義的情報在內，是很重要的。」

原生廣告是什麼？

● 關鍵字廣告

● 原生廣告

「舉個例子,把它想像成網站或SNS的時間軸上會出現的宣傳廣告之類的,說不定就能更容易讓你理解了。像這樣夾在內容與內容之間的廣告,就是In-Feed廣告。」叔叔這樣說明。In-Feed廣告也是原生廣告的一種,據說有普通廣告2倍的點閱率。

In-Feed廣告是什麼?

文春砲再度炸裂

80歲長者
高速逆向行駛

100隻以上的貓!
話題性的貓咪咖啡廳
SPONSORED

今年櫻花的預測
開花日是?

看到的時候覺得很有趣,
以為是普通的新聞報導,
結果是店家的宣傳廣告呢

不過真是有趣呢,
下次要不要去看一看呢

One point

製作能自然地融入內容的原生廣告是會花費時間和金錢的,請留意。另外為了區隔內容和廣告,必須要在上面顯示「SPONSORED」、「廣告」、「PR」、「Promotion」之類的文字。

行銷

18

IT時代的行銷
該怎麼做呢？④

過去如果想在網路上刊登廣告的話，就要自行去找尋網路平台，並且一個一個去討論刊登的相關事宜，到了現今，情況又變成什麼樣子了呢？

經子同學詢問叔叔：「想在網路上刊登廣告的話，非得分別去跟每個網路平台交涉才行嗎？」叔叔回答：「以前的話是這樣沒錯。企業或是廣告代理商，會依據商品找尋適合的網路平台，再分別去一一洽談。只不過刊登的費用五花八門，而且廣告度的能見度實際上達到什麼程度、還有點閱數之類的資料都是平台方收集的，可信度比較低。」

還沒有Ad network的時代

購買廣告的企業（或是代理商）

請刊登我們的廣告吧！

每個月5萬日圓。麻煩先付清

因為想讓客戶覺得在我們這裡刊登很有效，所以點閱數多報一點吧

1天1000日圓。但不會知道點閱數字

每個月10萬日圓就能刊登。也會告知點閱數

點閱一次100日圓

● 問題點

· 必須一個一個去跟每個平台交涉刊登事宜
· 必須自己去媒合適宜的平台
· 收費方式眼花撩亂
· 從媒體平台方提供的數據，可信度不高

叔叔繼續說明：「但是現在已經不一樣囉。因為有統籌網路廣告的公司出現，只要付費給那間公司，就能讓廣告在該公司旗下的複數網路平台上曝光。這種網路形式就稱為**Ad network**。」在Ad network的環境下，廣告主不必特地去尋找適合的平台，付費方式也是一致的。至於獲得的數據，也是由Ad network公司所收集統計的，可信度會比較高。

Ad network是什麼？

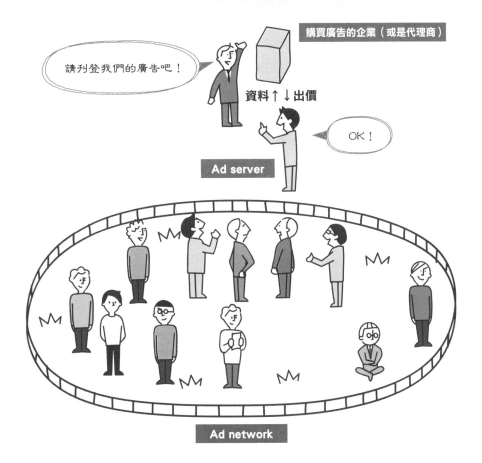

● 廣告主的好處

・只要出價，就能在加盟Ad network的平台上架
・收費方式統一（例如點閱計費類型等等）
・資料數據是由Ad network公司收集，可信度比較高

行銷這門學問
為什麼會誕生呢？

因為1973與1979年的兩次石油危機，世界經濟全體陷入了低成長時期的漩渦。

在那之前，只要提到經營，就是大量生產品質好的產品，客人自然就會買帳的大量生產思考模式。但是，因為這種方式無法從低成長時代的泥沼中脫離，所以一種新的方向性開始成形，也就是先去調查市場和顧客的需求，再從中構思出戰略。這種行銷的概念開始在社會上廣播。此外，在1960年代，為了爭搶有限的市場大餅，思考該如何比競爭對手更快奪得先機的競爭戰略思考法也隨之誕生。

像是近年廣為人知的杜拉克，或提倡STP（p.96）和4P（p.98）的科特勒，都是在這個時期嶄露頭角，催生出現代的行銷理論基礎。

P.F.Drucker

P.Kotler

chapter 6

商業模式的疑問

經子同學又跑去找營太玩了，
也和他聊到最近的新式商業潮流。
今天兩人好像要針對
商業模式來做研究。

01

商業模式是什麼呢？

學習了各式各樣經營領域相關理論的經子同學，這次要來認識實際的企業商務營運了。

經子一邊看著電視、一邊拜託營太說：「最近有好多新型態的商業潮流持續出現呢。你可以告訴我一些關於有趣商業模式的事情嗎？」營太回答：「當然好啊。認識最新的企業商業模式，或許能為經子的咖啡店計畫帶來靈感也說不定呢。只不過在檢視實際的企業案例之前，我們要先想想『**商業模式**是什麼？』這件事。」

商業模式是如何構思產生的？

● **願景（Vision）**
公司未來的樣貌。

經營理念

要為誰？要提供什麼？以什麼樣的公司為發展目標？

經營戰略

要在哪個領域開創什麼樣的事業？又要靠怎樣的戰略去實現理念？

● **使命（Mission）**
具體來說擁有什麼樣的使命。

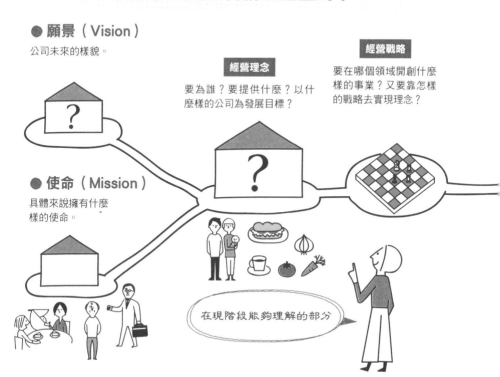

在現階段能夠理解的部分

先來複習一下，企業要以願景和使命構成的經營理念為基礎，去思考自己的戰略（p.42～43）。以這個經營戰略為依據所形成的「獲利結構」就是所謂的商業模式。具體來說，可以用「提供給誰」、「提供什麼」、「該如何活用經營資源」、「該怎麼進行差異化」、「要怎麼進行才能提高收益」等5個項目來表示。

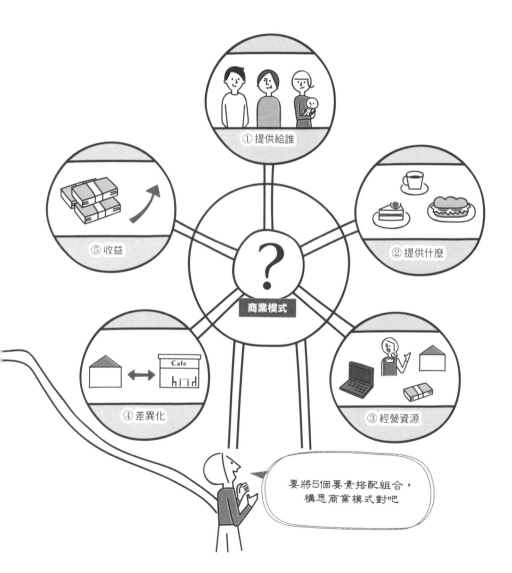

① 提供給誰

② 提供什麼

③ 經營資源

④ 差異化

⑤ 收益

?
商業模式

要將5個要素搭配組合，構思商業模式對吧

商業模式

02

mixi和DeNA的免費遊戲為何能獲利呢？

現在有很多手機的免費遊戲受到為數眾多的玩家廣大的支持，但是免費的遊戲為什麼能夠讓廠商賺到錢呢？

營太問：「經子你會玩所謂的『社群網路遊戲』嗎？」經子同學回答：「有啊，如果是mixi或DeNA推出的免費遊戲是有玩過……。不過，為什麼明明是免費的，卻能賺錢呢？」營太說：「簡單來說，就是有一部分人在這遊戲上花錢了。」舉個例子，如果每10個人之中有1個人因為想要拿到稀有道具而付費的話，就足以從中獲利了。

免費遊戲為什麼能獲利呢？

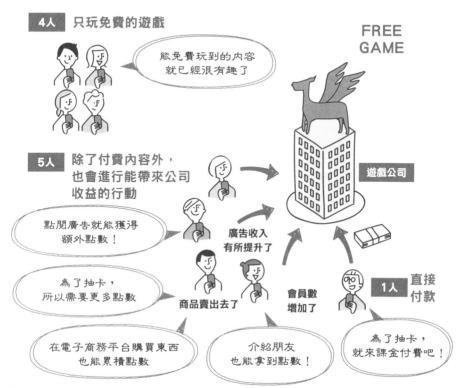

4人 只玩免費的遊戲

能免費玩到的内容就已經很有趣了

FREE GAME

5人 除了付費内容外，也會進行能帶來公司收益的行動

點閱廣告就能獲得額外點數！

為了抽卡，所以需要更多點數

在電子商務平台購買東西也能累積點數

廣告收入有所提升了

商品賣出去了

會員數增加了

介紹朋友也能拿到點數！

遊戲公司

1人 直接付款

為了抽卡，就來課金付費吧！

但為什麼靠免費可以獲得龐大的利益呢？那是因為製作費用的固定成本得以削減的關係。因為是數位內容，所以在社群網路遊戲的世界裡，不論是多麼珍貴的稀有道具，都只要花費資料的製作費用，然後再複製就可以了。此外，活用SNS的傳播，在使用者的朋友圈中迅速引發風潮也是一大要因。就像這樣，靠著免費服務吸引人流，再讓一部分的付費會員貢獻收益，這種結構就稱作**免費增值**（Freemium）。

免費增值的特徵

①因為是數位內容，可以抑制製作費用

因為是數位資料，複製容易、開銷也不會太大。

②企業即使不打廣告，也能藉由SNS傳播自動增加使用者

咦，你也有玩這款遊戲耶！加個好友吧！

好！還能大家一起玩，遊戲會變得更加有趣喔

啊！你也來玩這個遊戲吧！

・遊戲中的好友數量增加的話就能獲得額外點數，讓遊戲的進行更加有利。
・因為不必使用專用的遊戲機，所以也便於呼朋引伴。

One point

自由增值是由Free（免費）和Premium（額外付費）所組合而成的詞彙。

商業模式

03

Airbnb和Uber的 商業結構是什麼樣子呢？

最近社會上吹起一股眾人共享資源、只在必要的時候才使用的風潮。這樣的商業模式正在我們的生活中擴展。

經子問：「最近從去旅行的朋友那裡聽到他使用了『民泊』（註：與民宿不同，住宿處為住宅，而非營業用。亦有相關法規限定）這項服務，那也是新的商業模式嗎？」營太回答：「對啊。將想便宜住宿的人與想出借自家空房的人連結在一起的民泊，正是新型態的商業模式。這類提供平台戰略（p.82）的商業行為就稱作**共享經濟**（Sharing Economy）。」

民泊服務是什麼？

旅行者

想要住便宜點的地方！雖然旅館很多，可是都預約不到啊！

↓手續費　↑介紹住處

Airbnb

查詢看看還有沒有空房間，並代為付款

↑手續費　↓介紹客人

我要介紹想住宿的客人喔

因為有多餘的房間，開放給人住宿也不錯！

屋主

One point

只不過，在日本如果要透過這項服務繼續租借房間的話，就必須依據住宅宿泊事業法（民泊新法）來進行。

經子又問：「但是，利用者可以便宜地享受服務固然不錯，但是當地的旅館業者會因此不滿吧。」營太回答：「確實是如此。民泊的部分現在正在進行相關法規修訂，但像Uber這種共乘服務，因為受到計程車業界的強烈反彈，在日本還不普及。像這樣和既有的產業發生衝突，可說是新創商業模式的宿命也不為過。」

共乘服務公司與計程車業界的衝突

商業模式
04

Facebook
有什麼新穎的方針嗎？

世界各地的人們都在使用Facebook，它的商業模式帶有什麼新意嗎？

在經子同學盯著手機看的時候，營太在一旁問：「啊，你在看Facebook嗎？」經子回答：「對啊。話說，Facebook為什麼會成長得這麼快速啊？」營太回答：「Facebook的新穎之處，就是把道具借給各式各樣的人們，靠著使用者的力量讓內容更加充實，最後將人潮聚集起來的商業模式。這就是**開放戰略**。」

開放戰略是什麼？

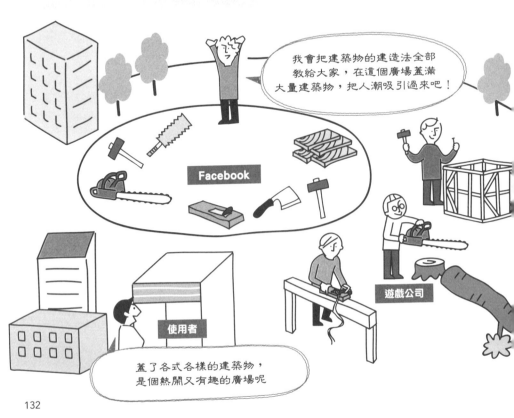

Facebook開放戰略的嶄新之處，就在於將Facebook內的遊戲製作方式公開。相對於在此之前都是將程式製作方式各自分配給每個遊戲公司，現在則是轉變為直接公開、不論是誰都能自由創作的形式。拜這點所賜，各式各樣的公司都來這個平台製作遊戲，此外，因為許多遊戲都需要同為Facebook使用者的朋友支援，才能讓遊戲過程更加順暢，這也讓Facebook的使用者因此暴增。

Facebook的開放戰略

● 在此之前的模式

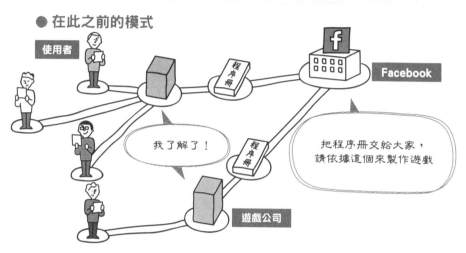

● Facebook的模式

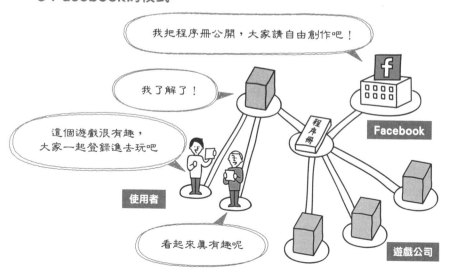

商業模式

05

Groupon
有什麼劃時代的方針嗎？

因為年節料理事件讓人留下負面印象的Groupon，其實擁有相當劃時代的
商業模式。

「你知道Groupon嗎？」營太突然問道。「你是說那間因為販賣跟照片不同的
年節料理而出包的公司嗎？」經子回答。營太說：「對。雖然那個事件帶來負
面印象，不過那間公司的商業模式相當創新喔。舉例來說，原本要賣1萬日圓
的高級餐廳套餐，只要在24小時內有50個人加入團購議價，就會發給大家半
價的優惠券。」

Groupon的社群活用模式是什麼？

過去廣告的餐廳　靠特賣和限定活動等聚集人潮，讓人連帶買下其他東西以貢獻收益。

不要告訴朋友，自己一個人來吧

明後天我們會推出前50位限定的套餐半價活動

傳單費和網路廣告費開銷可不能輕忽啊……

因為是半價活動，盡可能讓客人多點酒

對店家來說，套餐的價格雖然降到半價了，但不會花太多廣告費，50人份也能確實賣光，因此能從中獲利。平時如果碰到「前○名客人！」如何如何之類的限定活動，一般人通常都不太想把消息告訴朋友。但是，在Groupon的服務模式中，只要你盡可能把訊息傳遞給更多朋友知道，這個動作就能為你帶來好處。因此顧客們會自動藉由口耳相傳而持續增加。像這種商業模式，就是所謂的**社群活用模式**。

One point

但是，就像前面提到年節料理的案例，如果價格減半，但產品看起來並沒有那個價值的話，也會讓評價一落千丈。因此必須以商品的確具有同等的價值為前提。

135

商業模式

06

雀巢和吉列的共通點是什麼？

靠著販售消耗品來賺錢的商業模式自古以來就存在了，最近連咖啡機也開始了這樣的服務形式。

「你知道雀巢咖啡和吉列刮鬍刀之間的共通點是什麼嗎？」營太突然出了一個謎題。「咖啡和刮鬍刀的共通點嗎……」經子同學陷入苦思。營太解答：「答案就是商業模式。吉列開啟的刮鬍刀商業模式，就是用低價販賣刮鬍刀本體，然後靠替換用的刀片賺錢。」所以像這樣把本體價格定得便宜，再靠消耗品來獲利，就稱作**刮鬍刀與刀片模式**，也稱為吉列模式。

刮鬍刀與刀片模式是什麼？

刮鬍刀

刀片已經鈍到很難刮鬍子了，如果再不買新的刀片來替換的話……

刮鬍刀本體
便宜販售

替換用刀片
因為是消耗品，所以有更新的必要

和吉列一樣，雀巢也將名為Nespresso的咖啡機用實惠的價格賣給個人用戶或企業。Nespresso咖啡機如果不使用專用的咖啡膠囊就不能就沖泡，因此買下機器的家庭客或企業用戶就會持續地添購咖啡膠囊。為了降低讓顧客購買咖啡機的門檻，雀巢也會進行免費的機器體驗以及租借服務。

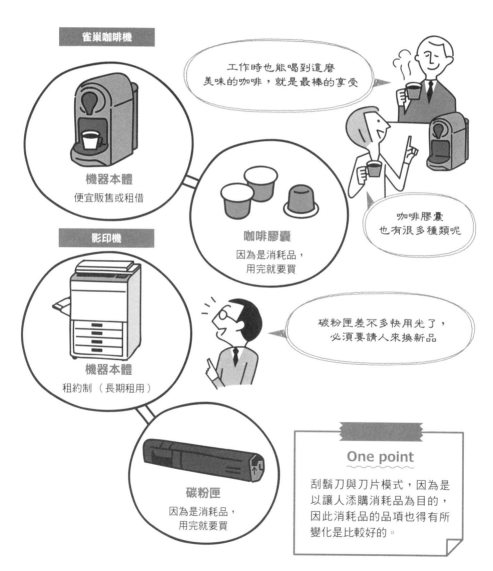

雀巢咖啡機

機器本體
便宜販售或租借

工作時也能喝到這麼
美味的咖啡，就是最棒的享受

咖啡膠囊
也有很多種類呢

咖啡膠囊
因為是消耗品，
用完就要買

影印機

機器本體
租約制（長期租用）

碳粉匣差不多快用光了，
必須要請人來換新品

碳粉匣
因為是消耗品，
用完就要買

One point

刮鬍刀與刀片模式，因為是以讓人添購消耗品為目的，因此消耗品的品項也得有所變化是比較好的。

137

商業模式

07

DeAgostini所構想的商業模式是什麼？

和「刮鬍刀與刀片模式」很相似的構想誕生了，那就是DeAgostini所推出的知名分冊百科（part work）雜誌刊物。

經子想起：「說到持續購買這件事，昨天我爸爸才買了『週刊－來親手製作跑車Countach吧！』這個雜誌的創刊號呢。」營太回答：「是分冊百科對吧，那也是一種新的商業模式喔。又被人稱為DeAgostini的**分割模式**。」DeAgostini開啟的分割模式，正是瞄準人類的心理來突破的。

分割模式是什麼？

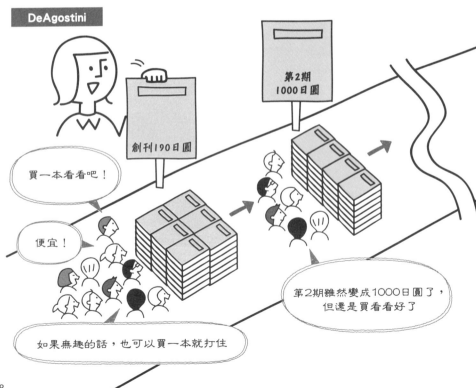

DeAgostini的分割模式，會在出版創刊號時以破格的優惠價來促使顧客「至少先買一本看看」。例如創刊號以下一期10分之1的價格販售的話，總是會讓人想買買看吧？而且，人類擁有開始購買系列作品之後，就會想收齊全套的心理。此外，藉由創刊號的銷售量，也能方便出版社預測之後集數的發行量。同時，如果這個系列受到社會大眾歡迎的話，也能夠增加系列的集數。

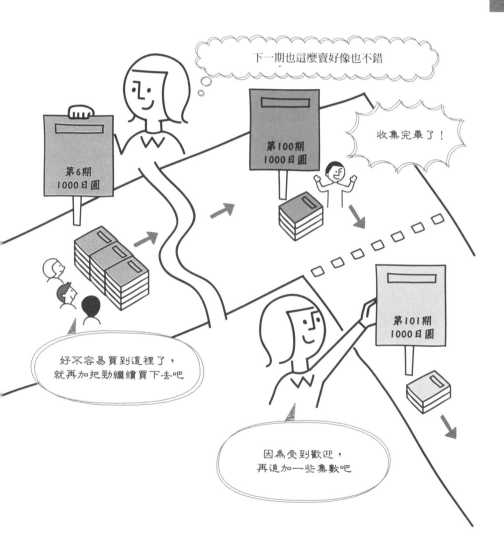

商業模式
08

暢銷商品以外的東西也很齊全，Amazon的戰略是什麼？

Amazon活用自社的特性，展開了別家企業無法模仿的商業模式。

經子同學說：「先前有堂課程使用的教材是本很老的書，但是在Amazon就輕易地找到了呢。」營太回應：「這也是新的商業模式喔，就是Amazon的**長尾理論**。Amazon活用了它的巨大倉庫，因此能夠把一般書店不會擺出來、換言之就是非暢銷的老書或狂熱粉絲取向的書籍都能儲備齊全。」

長尾理論是什麼？

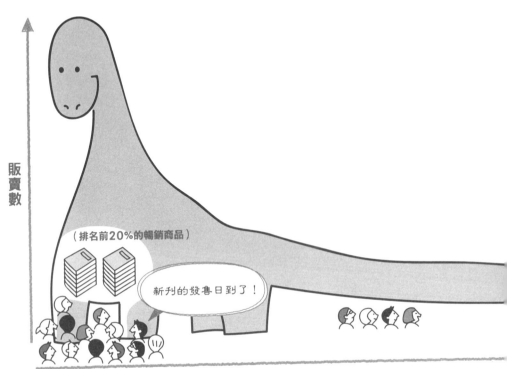

販賣數

（排名前20%的暢銷商品）

新刊的發售日到了！

商品種類

此外，不只是新推出的刊物，也會有個人會員或二手書店放出二手書來販售（p.82，平台戰略），因此讓人有機會能買到稀有罕見的書籍。這樣一來，那些只能偶爾賣出一些的書籍營業額積少成多之後，就成為程度可觀的收益。只不過，如果街上常見的書店想要同樣做到這一點的話，就必須和Amazon一樣擁有巨大的倉庫和賣場才行。這正是作為沒有多間實體書店，但擁有巨大倉庫的網路商店Amazon才能採行的戰略。

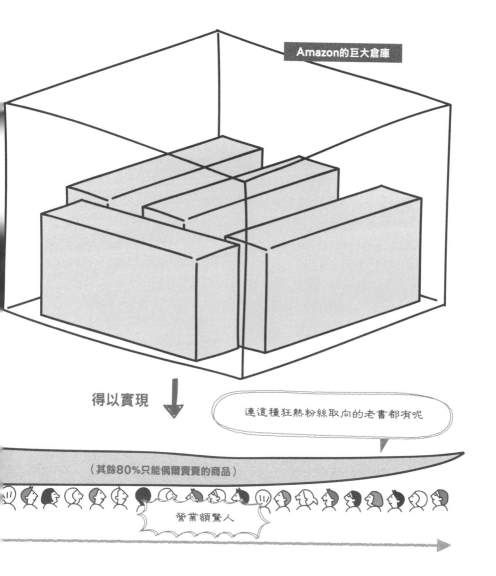

商業模式

09

採用會員制消費的
Costco為什麼會賺錢呢？

像是Costco之類的會員制消費營運模式，明明讓會員之外的人也能購買感覺會更加有利，但為什麼它們還是能賺錢呢？

這次換營太發問：「你有去過Costco嗎？」經子同學回應：「我有朋友是那邊的會員，曾經一起去過呢！但是如果不特別限定會員才能消費，像我這樣的顧客也會一個人去逛逛吧，他們為什麼要限定會員才能消費呢？」營太解釋：「這裡就是商業模式的關鍵所在啦，稱為**會員制模式**。是一種就算只靠會員消費也能達到充足業績收益的結構喔。」

實現高品質、低價格的Costco之特徵

①自社商品（Private Brand，自有品牌）的品質很高

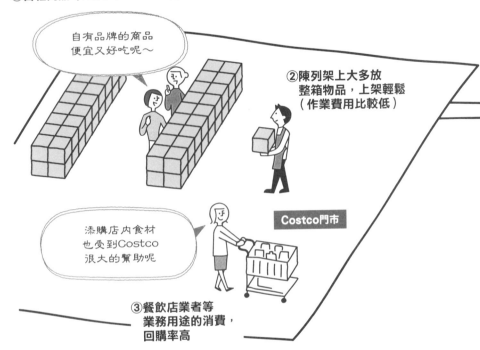

自有品牌的商品
便宜又好吃呢～

②陳列架上大多放
整箱物品，上架輕鬆
（作業費用比較低）

添購店內食材
也受到Costco
很大的幫助呢

Costco門市

③餐飲店業者等
業務用途的消費，
回購率高

不管會員來或是不來，都會先收取入會費用，這也會讓顧客浮現「不去買個東西就吃虧了」的回購效果。這種會員制模式和運動健身俱樂部等類型的運作是一樣的。只不過，會員們進到Costco還會再購買商品，讓營業額繼續增長，這一點和健身房之類的是有所不同的。而客人們到門市購買的，是高品質但低價格的商品，能夠實現這樣的消費形式，主要有5個要點。

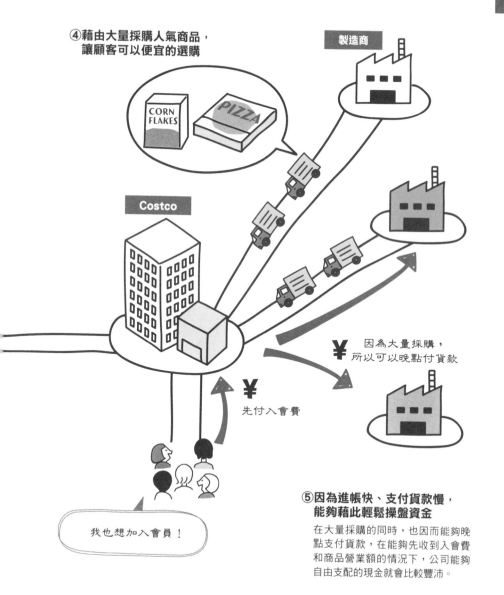

④藉由大量採購人氣商品，
讓顧客可以便宜的選購

製造商

Costco

CORN FLAKES
PIZZA

¥ 因為大量採購，
所以可以晚點付貨款

¥
先付入會費

我也想加入會員！

⑤因為進帳快、支付貨款慢，
能夠藉此輕鬆操盤資金

在大量採購的同時，也因而能夠晚點支付貨款，在能夠先收到入會費和商品營業額的情況下，公司能夠自由支配的現金就會比較豐沛。

商業模式
10

放棄家用電腦事業的IBM 是靠什麼獲利的呢？

製造商在價格競爭中失敗，因此從生產製造領域撤退之後，也是有案例 透過參與其他領域而獲得成功的。

營太說：「你知道IBM已經不生產電腦了嗎？」經子同學驚呼：「真的嗎？為 什麼呢？」營太回答：「他們的電腦大量普及，而顧客也更難了解各種機型之 間的性能差異了。雖然這就是所謂的一般商品化。但它的結果也形成價格決勝 的競爭，變得在價格面無法對抗其他廠牌在開發中國家生產的電腦機型。」

IBM的諮詢解決模式Solution Model

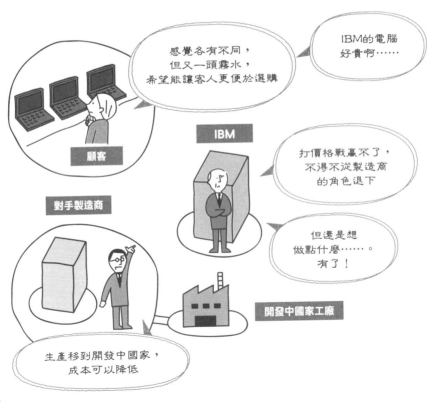

經子詢問：「那麼，他們現在都在做些什麼呢？」營太說明：「嗯。IBM現在傾力投注在包含顧問、軟體等構成的商業服務範疇之上。像是企業的業務分析、從提案到網路體系的建構、以及維持面的問題解決等內容都一併接受委託。這種商業模式就稱為**諮詢解決模式**。」

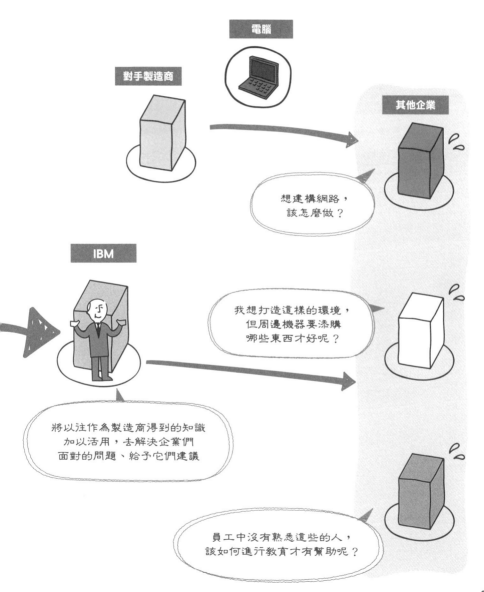

創新的困境
是指什麼？

　　美國一間名為柯達的底片生產商，雖然在日後開發出世界第一台的數位相機，但之後也遭逢倒閉的命運。到底柯達為什麼會發生這樣的事情呢？

　　1975年，柯達公司雖然發明了數位相機，但這項產品卻沒有因此普及。由柯達生產的底片在市場上具有獨佔性，而且底片的生產成本低，因此並沒有輕易地被數位相機技術取而代之。之後，隨著數位相機的相關技術進步，成本也隨之降低，要說這個影響因此成為壓倒底片的最後一根稻草也不為過。就像這樣，大企業推出比自家既有商品更便宜、還擁有其他機能的新商品之後，也可能完全不被定位成既有商品的競爭對手。這種情況就稱為「創新的困境」。

chapter 7

生產管理的疑問

加奈小姐

下一個階段要進入生產管理的議題。
但是，經子同學所熟識的親朋好友之中，
並沒有對生產管理很熟悉的人。
因此任職汽車生產大廠的叔叔就介紹了
公司生產管理部的一位女性員工給她認識。

生產管理
01
生產管理是什麼呢？

生產管理不只是對製造商而言，對於咖啡店這類的餐飲店來說也是很重要的思考方式。

經子同學向在叔叔公司的生產管理部門工作的加奈小姐詢問：「所謂的生產管理是在指什麼呢？」加奈回答：「首先，我們先來認識生產方式的類型吧。你認為鉛筆工廠和巨無霸噴射機的工廠有什麼不一樣呢？鉛筆這種用具不必等客人下訂，廠商就會生產，但是噴射機是要等客人下單才會開始生產的。」像是鉛筆的生產方式就是**存貨生產**，而噴射機那樣的生產方式則稱為**接單生產**。

存貨生產與接單生產的事例

請問昨天下訂的生日蛋糕已經完成了嗎？

是的，就在這裡

接單生產

在收到顧客訂單之後才開始生產的方式。
雖然不必背負庫存的風險，但也無法大量生產，若是有突來的需求量就會無法應對。

我想要蒙布朗

我要水果蛋糕

存貨生產

並非依據顧客下訂，而是預測市場需求量來製作。
能夠因應大量生產，但若是賣不掉的話，就要承受大量庫存帶來的壓力。

「至於在接單生產的範疇中，也有只先行製作零件，等到客人下單之後再進行零件組合的形式。」加奈接著說明。這種生產方式稱為**BTO**（Build to Order），電腦製造商Dell就是一個知名的案例。Dell藉著選用各種CPU、硬碟容量、顯示器等配件組裝成價格實惠的電腦而一舉成名，而這也成為讓其他公司學習仿效的著名生產方式。

BTO是什麼？

接單生產有耗費製造時間的障礙存在，
而BTO則是預先生產讓顧客選擇的商品，
因此能夠比過往的接單生產模式節省更多的製造時間。

生產管理

02

生產什麼、生產多少數量是如何決定的？

想知道要製作多少量來販售才能獲利、要滯銷到什麼程度就會虧損，就要靠收支平衡點這種評估方式進行調查。

經子同學問：「以開咖啡店來說，例如要製作多少蛋糕才夠用這類問題，我就不是很清楚。換做是企業的場合，又是怎麼去決定這類事情的呢？」加奈回答：「在那之前，首先要考慮生產相關的費用種類。費用可分為像材料費等會因為生產量而變化的**變動費用**，以及人事費、折舊費等經常付出一定開銷的**固定費用**。」

變動費用與固定費用

「接下來，將這些經過計算之後，再去評估哪一個階段會促成黑字。所謂的黑字，就是營業額超過支出費用的狀態。將營業額與費用相減之後，數值剛好成為0的那一點，就是成為赤字或黑字的分歧點，稱為**收支平衡點**。表示營業額的那條線，如果位在比表示費用的那條線還更上方的位置，越高就就表示收益越豐厚。」加奈這麼說明。

收支平衡點是什麼？

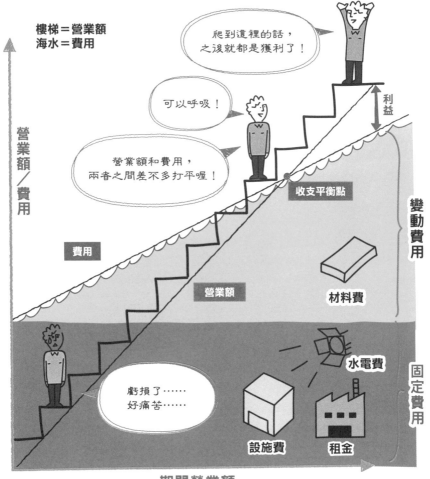

生產管理

03

以大量生產為目標的製造方法有什麼弱點？

生產線輸送帶是因應大量生產的設備。只不過，這種生產方式好像也存在著弱點。

經子同學發問：「說到工廠就會讓人想到生產線輸送帶呢，貴公司也是這樣生產的嗎？」加奈回答：「沒錯。這是由美國的福特汽車公司所開發、人稱**福特生產方式**。將每項作業一一細分、使之單純化，讓大量且便宜生產的情況得以實現。」只不過，這種方式必須要支出非常多的固定費用，也是它的問題所在。

福特生產方式是什麼？

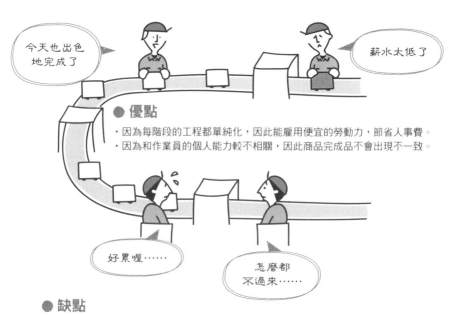

今天也出色地完成了

薪水太低了

● **優點**
・因為每階段的工程都單純化，因此能雇用便宜的勞動力，節省人事費。
・因為和作業員的個人能力較不相關，因此商品完成品不會出現不一致。

好累喔……

怎麼都不過來……

● **缺點**
・大規模的生產線是必備條件，固定費用增加。
・因為只在同樣的場所進行作業，對作業員的負擔較大。
・因為全體都要配合作業進度較慢的人，因此會出現等候下波工作的閒置人員。

「大量生產的時代已經結束了，現在的訴求已經轉為追求多種類產品的少量生產，以及能夠因應突來的生產量改變等情況。在這個時候出現的就是**單元生產方式**（Cell生產方式）。」加奈說明。這種生產方式是在一個被稱為Cell的U字形作業台上，由少數人力進行複數工程的作業。和等待下一個製作中產品流動過來之前都無事可做的生產線輸送帶模式不同，單元生產方式會讓員工經常處於作業狀態。

單元生產方式是什麼？

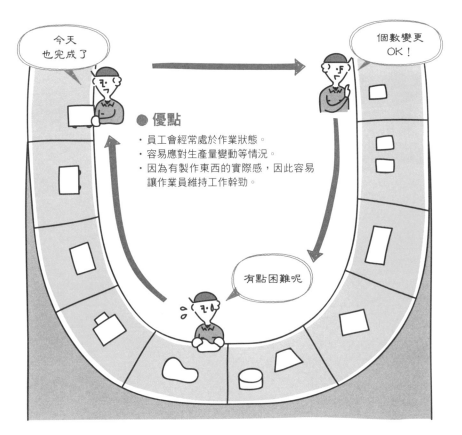

● 優點

· 員工會經常處於作業狀態。
· 容易應對生產量變動等情況。
· 因為有製作東西的實際感，因此容易讓作業員維持工作幹勁。

● 缺點

· 因為要由單一員工進行各式各樣的作業，因此對作業員的個人技能層次要求較高。
· 培育這類作業員比較花時間。
· 不適合大量生產或組建中、大型產品的生產模式。

生產管理

04

獲得世界好評的
日本生產方式是什麼？

代表日本的世界級企業・TOYOTA，它獨特的生產方式也獲得世界廣大的好評。

加奈問經子同學：「如果你知道有些日本發明的生產方式也被世界各地的企業採用，不知道會不會感到驚訝呢？」經子馬上回應：「該不會是指**JIT**（p.49）吧？」加奈有些吃驚地說：「你很清楚呢。TOYOTA顛覆了製造業界應該持有庫存品的常識，導入了『只在必要的時間、生產必要的物品、同時只生產必要的數量』的JIT（Just In Time）生產思維模式。」

過往製造業的煩惱

零件製造工廠　進行存貨生產的時候，會產生大量的庫存。

雖然庫存量大，但倉儲開銷也驚人

加緊生產！

組裝工廠　若是在必要時缺少零件就不得不停工，因此會希望製造工廠能進行存貨生產。

零件呢？

只能暫時停工了啊

加奈深入說明：「在現場即時反應JIT思維的就是**看板管理**。這裡提到的看板，就是記載有零件入庫時間與數量等資訊的牌子。舉例來說，現在有某個工廠製造的零件要送往另一個工廠進行組合，這兩邊的作業員就要依據看板來進行往來承接。可以讓作業員在必須使用的時候才叫貨，零件製造方也不必保管庫存，對雙方來說都有好處。」

TOYOTA的看板管理是什麼？

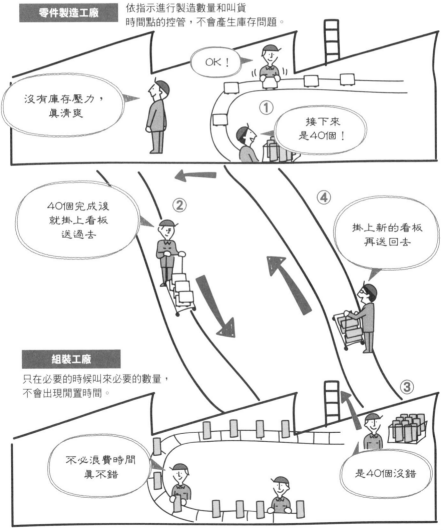

零件製造工廠
依指示進行製造數量和叫貨
時間點的控管，不會產生庫存問題。

OK！

沒有庫存壓力，
真清爽

① 接下來
是40個！

② 40個完成後
就掛上看板
送過去

④ 掛上新的看板
再送回去

組裝工廠
只在必要的時候叫來必要的數量，
不會出現閒置時間。

不必浪費時間
真不錯

③ 是40個沒錯

生產管理

05

有沒有讓生產效率
更上一層樓的方法呢？

產品從企劃到販售的過程中，會牽涉到各式各樣的企業，若是想顧及全
體的最佳化，應該從何處著手才對呢？

加奈說：「一間製造商在原料的調度、商品的販售與配送等等，全都交給其他公司處理的情況並不罕見。從開發一直到送達顧客手中的這段流程，就稱為**供應鏈**，但因為幾乎都是各自由不同的公司負責，所以俯瞰全體的話就會發現存在著很多浪費的地方。」舉例來說，可能會出現暢銷商品賣光之後，最後只剩下大量滯銷品庫存的情況。

過往的供應鏈

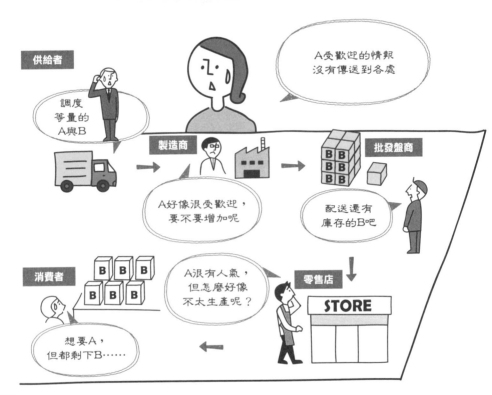

而管理這些的就是**SCM**（Supply Chain Management，供應鏈管理）。從調度原料的供應商開始，涵蓋製造、物流、販售等一切流程都用電腦管理，將賣了什麼、什麼賣不掉等情報共有化，削減浪費。只不過，就算是交易往來的對象，也不能把所有的情報都無條件共享。要對每間公司公開何種程度的情報，一定要慎重衡量才行。

SCM是什麼？

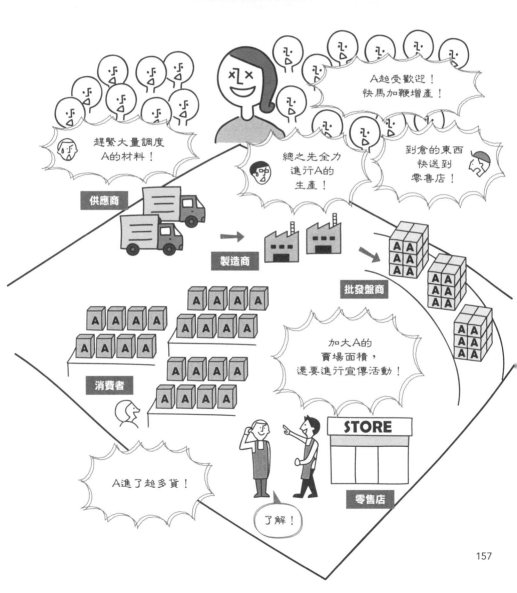

生產管理

06

便利商店的PB商品
是由誰製作的？

近幾年超市或便利商店等店家，都開始增加所謂的PB商品了，那些產品
是由他們自己生產的嗎？

加奈問經子同學：「你有買過便利商店的PB（Private Brand，自有品牌）
商品嗎？」經子說：「有喔，和一般廠商的產品很不一樣，卻很便宜，這點
很不錯呢。話說那些東西都是由便利商店自家來生產的嗎？」加奈告訴她：
「實際上，背後有負責代工的企業喔，這種方式就是所謂的OEM（Original
Equipment Manufacturer，代工生產）。」

從便利商店的PB商品中看到的OEM事例

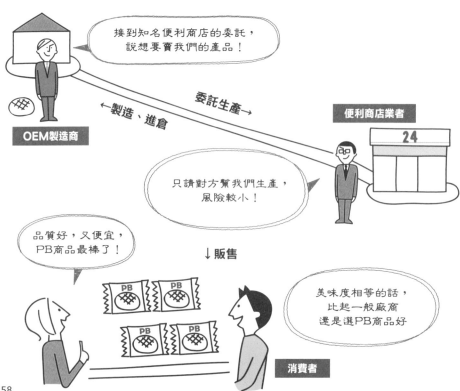

在OEM的模式中，像是便利商店這樣的委託者，能夠在不增加自家工廠的情況下提升銷售量。而且，依據承包業者的不同，有時候還能製作出比自家產品更優良的商品。另一方面，對接單承包的OEM製造商來說，即使業務能力薄弱，也能利用委託者的品牌來增加產品的營業額，另外還有接受委託者指導、使得製造技術得以提升水準的優點。

委託人和OEM製造商的優點、缺點

生產管理

07

商品規格制定的有無，
會產生什麼差異呢？

在產品之中，有制定規格的類型、也有沒制定規格的類型。其中的差異會是什麼呢？

加奈說：「雖然是跟咖啡店不太有關係的話題……電池有分3號或4號之類的規格，不論在日本的哪裡購買都是一樣的。決定這類規格的標準就稱作**官方標準**（de jure standard）。在電池這個領域是因為有JIS（日本工業規格）這個公定的標準，才產生前述的規格，但生活中其實也存在著很多沒有制定規格的產品喔。」

官方標準的特徵

● 優點

・因為是公家機關制定的標準，比較確實。
・還擁有在輸出時不必因應輸入國規定去變更規格的優點。

● 缺點

・必須經過相當漫長的研議才能拍板定案，因此要做出一個決定相當花時間。

加奈繼續介紹：「過去錄影帶曾經有VHS和Betamax兩種規格，但因為VHS的普及，讓它成為事實上的標準。這就是**業界標準**（de facto standard）。如果成為壓倒性的強勢標準，就不會進到與人競爭價格的局面。也因為如此，企業在開發新技術的時候多會以此為目標，但是對於顧客而言，這個過程也可能造成不便。」

業界標準的例子

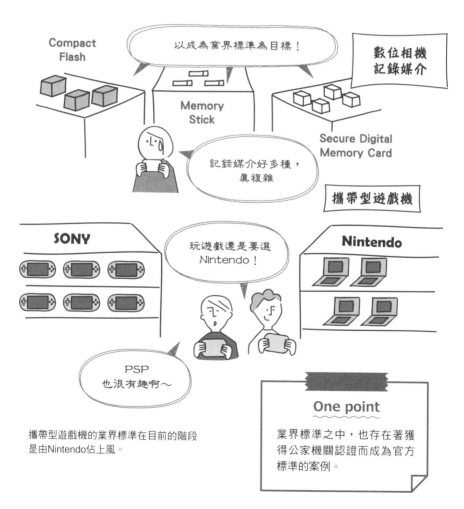

攜帶型遊戲機的業界標準在目前的階段
是由Nintendo佔上風。

One point

業界標準之中，也存在著獲得公家機關認證而成為官方標準的案例。

生產管理

08

為什麼大量生產
就能降低售價呢？

藉由大量生產，每個產品的成本都會變得更加低廉。這其中的運作模式
究竟是什麼樣的結構呢？

經子同學向加奈提問：「剛剛有一點讓我很在意呢，為什麼靠著大量生產就可以讓價格變得更便宜呢？」加奈解釋：「嗯，這被人們稱為**規模經濟**，你還記得我們剛剛提到的固定費用和變動費用吧？簡單來說，如果能大量生產的話，每個產品的固定費用金額就會下降，因此產品的成本費用和開銷也跟著降低了。」

規模經濟是什麼？

人事費
10萬日圓×5人

設施費
50萬日圓

製作1萬個麵包的工廠

租金
10萬日圓

1個200日圓的麵包所花的費用為各費用的合計額÷個數

固定費用110日圓

設施費50日圓＋人事費50日圓＋租金10日圓

我們來具體思考看看吧。一間租金10萬日圓的工廠，現在要製作1萬個麵包。這樣一來，一個麵包的成本費用就要再加上10日圓的部分租金。如果能製作2萬個麵包的話，租金部分就會降到5日圓。只不過，若是雇用新員工、擴大工廠規模的話，固定費用就會提高，請一定要留意這個原則。

●如果用同樣的設備和人數去生產更多的麵包的話……

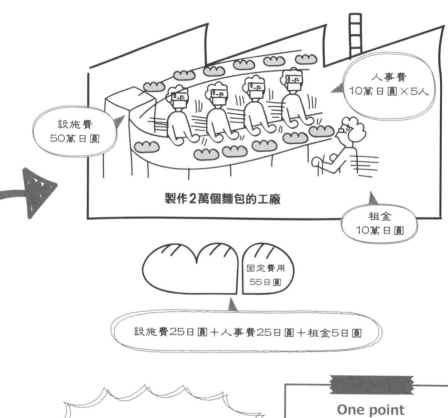

設施費
50萬日圓

人事費
10萬日圓×5人

製作2萬個麵包的工廠

租金
10萬日圓

固定費用
55日圓

設施費25日圓＋人事費25日圓＋租金5日圓

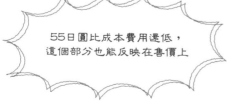

55日圓比成本費用還低，
這個部分也能反映在售價上

One point

為了進行大量生產而擴大工廠規模或導入新的機器設備，可不一定能降低成本，請務必注意。

生產管理

09

生產所造成的廢棄物可以再被利用嗎？

只要用同一組設備生產出複數的產品，似乎就更能因此獲利。現在就來舉個例子，把焦點放在製造過程中所衍生的廢棄物之上吧。

加奈繼續解說：「和規模經濟相似的還有名為**範圍經濟**的詞彙喔。雖然名稱很像，但卻是完全不同的東西，這是在指一間企業若是能生產複數的產品，成本開銷會比生產單一產品的時候還低，收益也會跟著提高。舉例來說，將食品製造過程中產生的廢棄物加以利用就是具體的例子。此外，不只是生產面，就連服務面也是如此呢。」

範圍經濟是什麼？

廢棄物的再利用

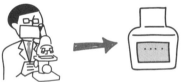

將可爾必思製造過程中發現的可爾必思菌用於健康食品的生產。

倉庫或架子等處的空間利用

利用巨大的倉庫，提供從書籍的線上訂購一直到各式商品的購物服務。

使用共通的設備生產、販售複數的產品與服務，就能降低每單位商品的成本開銷，還能提升收益。

One point

只不過大家要注意，並不是為了讓產品和服務更多元，就什麼東西都照單全收。

以KEWPIE這家公司來說，他們把製作美乃滋用剩的大量蛋殼再利用，衍生出化妝品原料、鈣質吸收強化劑、粉筆原料粉等副產物。透過這樣的再利用，就能削減處理大量蛋殼的廢棄支出，而生產化妝品原料等方式也抑制了原物料成本，再加上副產品帶來的利益，得到了一石三鳥的成果。

KEWPIE美乃滋的案例

● 從蛋殼再利用獲得的好處 ①～③

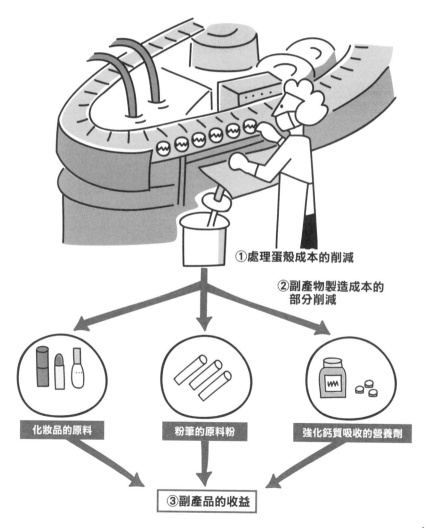

①處理蛋殼成本的削減

②副產物製造成本的部分削減

化妝品的原料

粉筆的原料粉

強化鈣質吸收的營養劑

③副產品的收益

生產管理

10

盡可能縮短開發到發售之間的日期，目的為何？

為了要對應社會的動態，握有可以盡可能推動快速生產的系統，就會成為企業的強項所在。

加奈拋出了一個問題：「最後來個猜謎吧。比起海外的企業，日本的企業經常被人評價為產品開發到發售之間的時間超級短。究竟是為什麼呢？」經子同學陷入了一段長考。加奈笑著說：「正確答案就是，相對於海外企業是依照開發到發售的過程依序推進（Sequence Engineering，循序工程），在日本則是會有一部分的工作在同一時間並行推動。」

循序工程是什麼？

比較耗費時間，但各部門能夠集中在自己的工作上，這一點是好處所在。

「如果這些工作同時並行的話，那個過程就稱為**同步工程**（Concurrent Engineering）。舉個例子，因應社會潮流動態，一般都會想要盡可能迅速地推出新產品對吧。為此，能夠盡力縮短生產製造時間的企業就會比較佔優勢。不僅如此，如果採用這種方式的話，設計完成後要進行變更也比較容易應對。」最後加奈勉勵經子：「好像說了很多和咖啡店無關的話題呢，不過你要加油喔。」

同步工程是什麼？

在某部門的工作結束之前，下一個部門就會同步開始運作。
因此，前一個部分理所當然會一邊顧及後方部門的意見，一邊繼續進行。

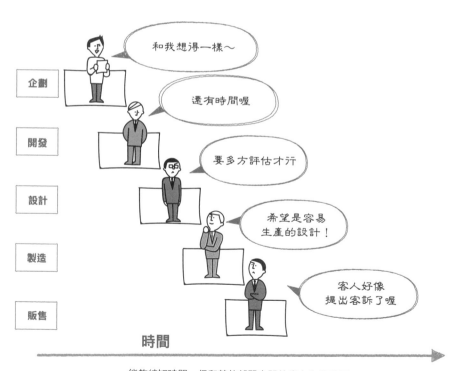

能夠縮短時間，但和其他部門之間的磨合也很重要，
必須要對其他部門有所理解並進行複雜的討論交流。

為什麼不持有庫存是比較好的？

　　「減少庫存」這句話經常會出現，究竟為什麼不持有庫存會比較好呢？如果有庫存的話，就可以立刻跟不良品進行替換，還能迅速對應市場突來的需求，看起來是有好處的。

　　基本上，其原因之一，就是庫存會因為經年累月而導致品質劣化。這樣的東西就只能降價求脫手。此外，伴隨時間帶來的陳舊化，也會讓商品價值下滑。保管費用、維持費用、管理費用，都是不可小覷的數字。

　　不過，TOYOTA的JIT（p.49，154）—「只在必要的時候生產必要的量」的這種接單後生產的方式，是大企業才有辦法進行的模式。因此，一般的經營者就必須一邊評估其中的平衡、一邊規劃庫存的管理。

All?   Nothing?

chapter 8

組織的疑問

教授今天的授課要針對組織這個議題講解。
企業中有各式各樣類型的人。
要將他們集結起來，還要讓公司獲利的話，
應該要以什麼樣的組織為訴求呢？

組織是以什麼基礎來建構的？

要開始經營一個店家就得雇用人力。這時該打造一個什麼樣的組織才好呢？

教授開始講課：「今天我們要討論關於組織的議題。不只限定於企業或機關團體，在各位的社團活動中其實也都存在著組織。那麼組織的形式是怎麼決定的呢？」組織的形式，可以分為**機能別組織**（Functional structure）和**事業部制組織**（Divisional organization）。機能別會分出○○部這種專門的部門，而事業部制則是可由事業部自身來評估計算利益的組織形式。

機能別組織與事業部制組織

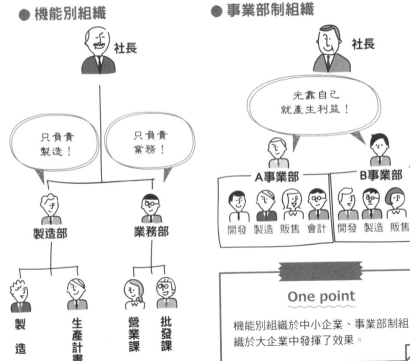

● 機能別組織

社長

只負責製造！　只負責業務！

製造部　業務部

製造　生產計畫　營業課　批發課

● 事業部制組織

社長

光靠自己就產生利益！

A事業部　B事業部

開發 製造 販售 會計　開發 製造 販售 會計

One point

機能別組織於中小企業、事業部制組織於大企業中發揮了效果。

170

經營史學者錢德勒留下了「結構跟隨策略」這句話。意指組織的型態會隨著經營戰略而有所變化。世界最大的化學領域企業陶氏杜邦曾經手火藥與炸藥的生產買賣，之後因為預見了戰後火藥的需求量將會減少，因而採行多角化的戰略。陶氏杜邦原本設置的是機能別組織，隨著各式各樣的新事業成長，漸漸移轉到事業部制組織。

陶氏杜邦的案例

● 開始多角化的陶氏杜邦

*展開多角化，參與人造纖維、人造皮革、塗料、染料等領域。

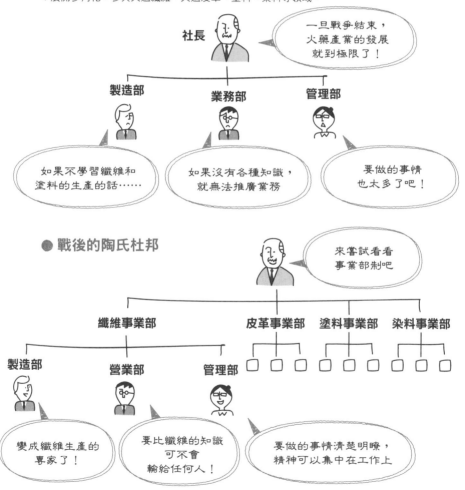

● 戰後的陶氏杜邦

要分析自社組織時，
應該要怎麼做？

如果想要分析自社的組織時，該怎麼做才好呢？似乎存在著用7個視點來檢視組織的方法喔。

經營管理顧問公司麥肯錫提出了用7個視點來檢視組織的方法。包括戰略（Strategy）、結構（Structure）、系統（Systems）、人員（Staff）、風格（Style）、共同價值（Shared Value）、技能（Skill），並取其首文字總稱為**麥肯錫7S模型**。前3個是硬體要素（Hard Element），後4個是軟體要素（Soft Elements）。

麥肯錫7S模型是什麼？

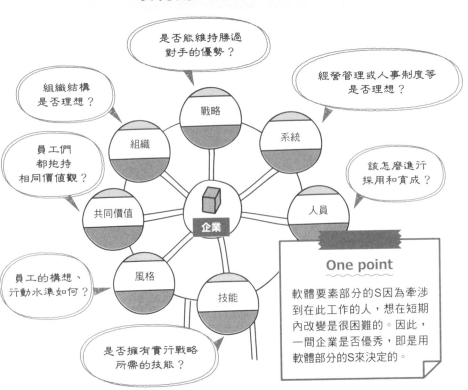

「7S模型並不是各自獨立的，而是彼此間都有所關聯。因此，只要其中一項改變，其他的要素會因此變動。」教授這麼說。舉個例子，當市場從安定的時期轉移到飽和的時期，配合動態進行變革的組織，就會像下方插圖顯示的那樣。硬體要素的改變相對簡單，但想要改變軟體要素部分的4S就比較困難了。

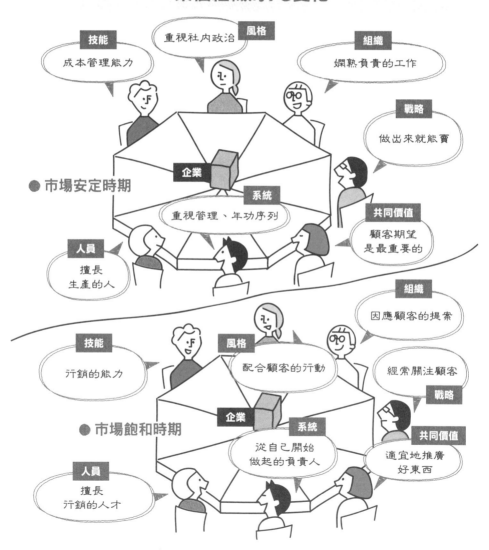

某個組織的7S變化

組織

03

想改變組織時，
該從什麼步驟著手才好？

要在瞬息萬變的時代生存下來，就必須要進行組織的改革。如果想要改變組織的話，該怎麼做才好呢？

「根據經營學者科特所提出的**變革管理**理論，因應時代潮流的變動，企業也必須進行變革。然而，為了有效變革，領導能力是必要的要素。」教授繼續說明。所謂的領導能力，科特將之定義為「不以規則來規範，而是藉由啟發及給予動機，使人覺得想跟隨此人，藉此運作組織集團的方法論」。

企業變革的8個步驟

獲得這樣的領導能力之後，還得做些什麼才能讓企業變革成功達成呢？這時就需要8個步驟。根據科特的論點，這8個步驟不能跳過，必須依照順序循序漸進，這是很重要的。在企業變革的過程中，會伴隨著抵抗和不滿，請務必要沉著冷靜地妥善規劃，並耗費時間與心力去進行公司內的溝通討論。

組織
04

由日本人構思，並且普及到全世界的理論是什麼？

存在於組織的知識中，有能夠透過程序手冊傳達的類型，也有像是個人的知識技能那般、無法用言語闡明的類型。

老手員工的個人知識技能難以傳達給年輕新手的現象，相當常見。這一類的知識就稱為**內隱知識**，而可以靠言語來傳達的就稱為**外顯知識**。把這種內隱知識轉換為外顯知識，在公司內共有化，甚至衍生出全新知識的過程，是日本企業相當擅長的。將這些以一個程序來表示的，就是由一橋大學的野中郁次郎榮譽教授所提出的**SECI模型**。

SECI模型是什麼？

教授表示：「這裡說的SECI模型，是一個經歷共同化（Socialization）、外顯化（Externalization）、連結化（Combination）、內面化（Internalization）等4個過程，創造新知識的流程。」製藥公司衛采也採用了這個理論。他們透過看護活動去增加與患者的接觸，從中發掘能夠進行共同化的課題。

衛采的SECI模型案例

機能別組織的衍生系
矩陣組織

　　在機能別組織、事業部制組織（p.170）的衍生系之中，有一種名為矩陣組織的類型。

　　這是種單一社員上頭存在著複數上司的組織型態。舉例來說，A先生任職於一個在全國擁有分店的企業，隸屬於營業部之下的營業課，被派駐埼玉分店工作。A先生的上司是營業課的課長，但埼玉分店的分店長同時也是他的主管。和企業的經營方針有所不同，在區域經營的範疇中，能確實掌握該區域要件的管理也是必須的。為了同時達成這兩個訴求，選擇矩陣管理是比較便利的。

　　只不過，這種模式還是有缺點。如果頂頭上司有兩個人的話，也可能造成第一線員工的混亂。如果兩人的指示相互矛盾的話，夾在中間不斷調整的員工就會相當疲憊。

上司　　　　上司

部下

chapter 9

金融・財政的疑問

教授的授課即將來到最後階段。
最後的主題就是金融和財政議題。
對數字很不擅長的經子同學來說
有點不好上手,
但是到最後一刻都要好好地學習。

金融・財政

01 金融科技是什麼？

公司或店家的經營，不可迴避的一個問題就是金錢。最近不僅是現金，也會提供各式各樣的金融服務喔。

最後的授課開始了。「那麼，最後來談談錢的話題。即使說是錢，範圍也相當廣泛，拜現今發達的IT技術所賜，金融服務業界也掀起了一場革命。舉例來說，在座有沒有人在線上購物時是使用手機付款呢？用手機進行電子支付，正是新時代的服務。」這類的服務，會以金融（Financial）和技術（Technology）結合的詞彙『FinTech』（Financial Technology，**金融科技**）來稱呼。

金融科技可以達成的事

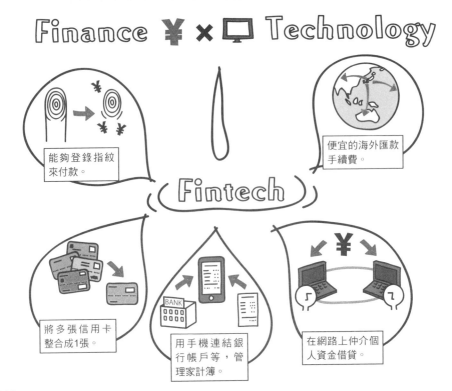

Finance ¥ × 🖵 Technology

能夠登錄指紋來付款。

便宜的海外匯款手續費。

Fintech

將多張信用卡整合成1張。

用手機連結銀行帳戶等，管理家計簿。

在網路上仲介個人資金借貸。

「特別是未來想創業，或者是想開店的人請務必注意聽。在經營的領域中，我們是無法脫離被金錢圍繞的各式業務的。能節省時間手續、增加資金調度可能性的，就是金融科技。另外還不只如此，與金融科技密切相關的商業模式，今後想必也會陸續登場吧。」教授接著說明。

企業會計帳務中的金融科技導入事例

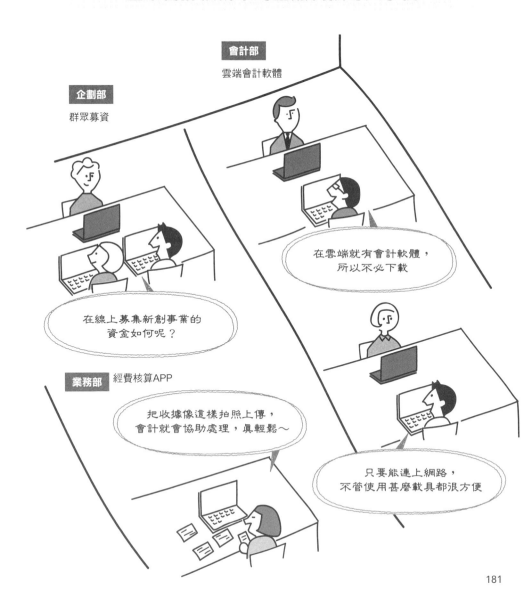

181

金融・財政

02

現金流量是什麼？

所謂的Cash Flow，直譯就是現金流量，但具體來說到底是什麼東西呢？

大家應該都有聽過Cash Flow這個名詞吧？直譯的話就是**現金流量**的意思，我再說明得更詳細一點吧。在企業間的商品或服務買賣過程中，賣出商品、獲得營業額的時期，和實際金錢入帳的時期是不同的，這是很普通的狀況。在等待入帳的時期，還是得償還借款，或是為了進貨而再次借貸資金。這種現金的流動情況就稱為現金流量。

現金流量是什麼？

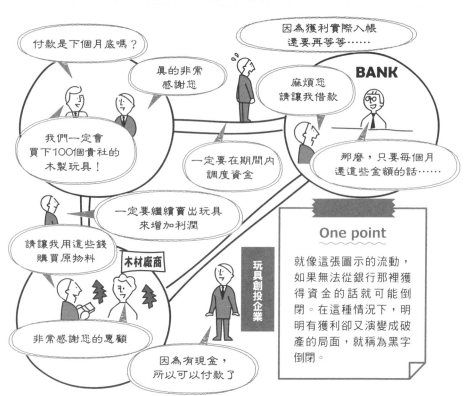

付款是下個月底嗎？

因為獲利實際入帳還要再等等……

真的非常感謝您

麻煩您請讓我借款

BANK

我們一定會買下100個貴社的木製玩具！

一定要在期間內調度資金

那麼，只要每個月還這些金額的話……

一定要繼續賣出玩具來增加利潤

請讓我用這些錢購買原物料

木材廠商

玩具創投企業

One point

就像這張圖示的流動，如果無法從銀行那裡獲得資金的話就可能倒閉。在這種情況下，明明有獲利卻又演變成破產的局面，就稱為黑字倒閉。

非常感謝您的惠顧

因為有現金，所以可以付款了

現金流量可分為營業、投資、財務等3個種類。它們分別是和本業相關的支出、資產相關的支出、以及前述兩者無法調度的週轉金。而將營業與投資的部分結合，就稱為自由現金流量，是可以自由使用的資金。當然，這個部分越充裕的話，經營起來就更加輕鬆，同時也能顯示這間企業的經營狀況良好。

3種現金流量

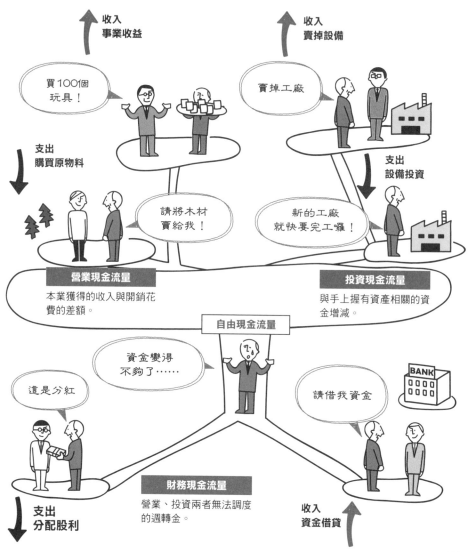

金融・財政

03

財務報表是什麼？

當我們要檢視一個企業的經營狀態時，就有必要去調查財務報表這些像是經營成績單一般的資料。

想調查一間企業的經營狀態，應該要參考什麼才對呢？各位應該都有聽過**財務報表**這個詞彙吧。這些正是理解企業經營狀態和財務狀況的會計資料喔。說得更簡單一點，財務報表就像是企業的成績單一樣。而**資產負債表、損益表、現金流量表**，又合稱財務三表。

財務報表就是企業的成績單

如果我開了咖啡店的話……

我的店現在擁有這些資產，還有這一點負債……

是否可以將它們打平呢

資產負債表
顯示現在時間點資產狀況的成績單

1~12 月

這一年賺了多少，或虧了多少錢呢？

損益表
顯示一定期間事業收支的成績單

實際上可讓我動用的資金有多少、現在手邊又有多少資金呢？

現金流量表
顯示實際金錢動態的成績單

觀察這3份成績單，就能進行自社經營與財務狀況的分析。可從倒閉的可能性是不是低風險（安全性）、該如何更有效率地獲利（收益性）、經過長時間後營業額是否能提升（成長性）等觀點來解析。另外，不只是自家公司，其他公司或放款的銀行等也會檢視財務報表，作為判斷各種情況的參考資料。

從財務報表中看到的分析

安全性
這間咖啡店在短期間的支付都沒有問題，應該不會很快就把店收起來

銀行員

經子同學的咖啡店

Cate

知名的連鎖咖啡店

收益性
我的咖啡店雖然有不錯的營業額，但是原物料價格高漲，所以其實沒什麼利潤呢

成長性
知名連鎖店數年的營業額……雖然緩慢但還是有提升呢

金融・財政

04

業績的好壞
可以從哪裡得知呢？

前面已經了解到透過分析財務報表，就能調查經營的狀態，但具體來說
應該觀察什麼部分才能知道呢？

在前面的財務報表分析中，已經大致說明從安全性、收益性等各種觀點展開的
觀察法，接下來我們要實際去檢視更細微的地方。舉例來說，相對於營業額，
原物料價格更高，因此無法產生什麼利潤的課題，只要觀察將利益除以營業額
再乘以100所得出的「營業額總利益率」就能了解。像這類的指標，就是所謂
的**經營指標**。

各式各樣的經營指標看板

收益性區域　　公司是否獲得收益？

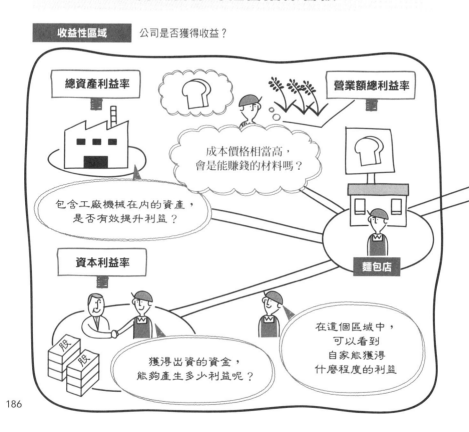

經營指標會被使用於競爭對手分析、交易方的財務狀況確認、開啟新事業時的他社分析、M&A和業務合作候選者的檢討等各式各樣的目的。會用百分比來表示，因此當某某指標掉到100%以下的時候就是亮起紅燈了，能夠藉此了解企業體質的良莠，發揮讓人更容易理解的效用。

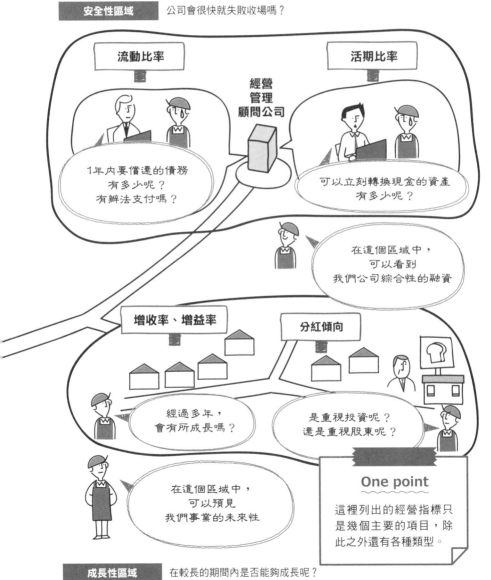

安全性區域　公司會很快就失敗收場嗎？

流動比率

活期比率

經營管理顧問公司

1年內要償還的債務有多少呢？有辦法支付嗎？

可以立刻轉換現金的資產有多少呢？

在這個區域中，可以看到我們公司綜合性的融資

增收率、增益率

分紅傾向

經過多年，會有所成長嗎？

是重視投資呢？還是重視股東呢？

在這個區域中，可以預見我們事業的未來性

One point

這裡列出的經營指標只是幾個主要的項目，除此之外還有各種類型。

成長性區域　在較長的期間內是否能夠成長呢？

金融・財政
05
市值是什麼？

企業的價值是依據什麼來決定的呢？如果是上市企業的話，就會和股價
有所關連，但是未上市企業的情況，又是怎麼估算的呢？

那麼，最後我們要來討論企業的價值。大家應該都曾聽過**市值**這個詞彙吧？如果是上市企業，因為會進行股票的交易，所以會有所謂的股價。股價乘以發行張數就會得到股票時價總額。舉例來說，1股1萬日圓的股票發行了2000股，那麼這間公司的股票時價總額就是2000萬日圓。

企業的價值是如何決定的？

＊未上市企業，因為沒有股價這種清楚明瞭的指標，因此不知道收購金額是否適當。

　「上市企業可以用這種方法來計算價值，但是未上市企業的情況又該怎麼處理呢？要估算未上市企業價值的方法，大體上可以分為：①以決算書為依據來推估、②參考類似上市企業的股價、③以自由現金流量為依據來推估，等三種⋯⋯。」一邊聽著授課內容，經子同學感受到應該要學習的東西還有很多，今後也希望能繼續鑽研經營學這門學問。

未上市企業的價值計算方法

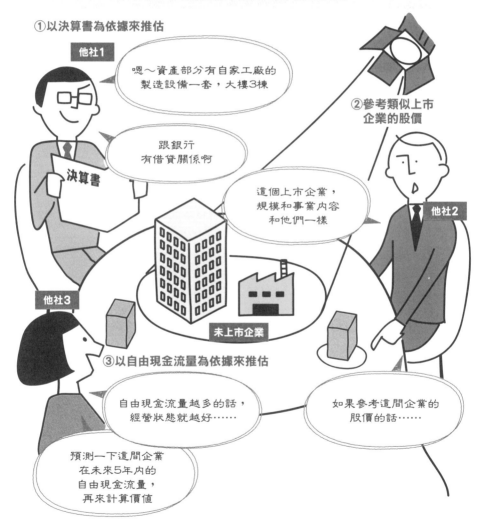

群眾募資
是什麼？

　　在介紹金融科技（p.180）時出現的群眾募資（Crowdfunding），究竟是什麼樣的東西呢？這是企業提出計畫來向個人募集資金的一種方式。跟銀行借貸等過往的資金調度方法，不但審查很嚴格，還很花費時間，有其門檻存在。但是在群眾募資的模式中，基本上會提供資金的人，都是贊同這個計畫的人，如果這樣的人越多，那麼達成募資目標的速度也越快。

　　在群眾募資的類型方面，也有股票投資型、購買型、捐獻型等各式各樣的方式，也有一定的規則存在。舉例來說，某公司要進行股票投資型的群眾募資，而同一家公司能調度的金額，限制在1年內不超過1億日圓等等，存在著各種不同的限制。

● 参考文献

カール教授のビジネス集中講義 経営戦略　平野敦士カール　著（朝日新聞出版）

カール教授のビジネス集中講義 ビジネスモデル　平野敦士カール　著（朝日新聞出版）

カール教授のビジネス集中講義 マーケティング　平野敦士カール　著（朝日新聞出版）

カール教授のビジネス集中講義 金融・ファイナンス　平野敦士カール　著（朝日新聞出版）

マジビジプロ 図解　カール教授と学ぶ 成功企業 31 社のビジネスモデル超入門！
平野敦士カール　著（ディスカヴァー・トゥエンティワン）

PROFILE

平野敦士卡爾 （Carl Atsushi Hirano）

生於美國伊利諾州。東京大學經濟學部畢業。株式會社NetStrategy代表董事社長、社團法人平台戰略協會代表理事。經歷日本興業銀行、NTT Docomo等單位服務經驗，2007年擔任哈佛商學院副教授、並創立管理諮詢與研修公司— 株式會社NetStrategy，擔任社長一職。曾任哈佛商學院邀請講師、早稻田大學MBA客座講師、BBT University教授、樂天Auction董事、淘兒唱片董事、Docomo.com董事等職位。著有『平台戰略』（共著，東洋經濟新報社）、『商業模式超入門！』（Discover21）、『新‧平台思考』、『卡爾教授的商業集中講義』系列之「經營戰略」、「商業模式」、「行銷」、「金融‧財政」（以上為朝日新聞出版）等多部著作。

HP　https://www.carlbusinessschool.com/
Twitter　@carlhirano
Facebook　https://www.facebook.com/carlatsushihirano/

TITLE

睡不著時可以看的經營學

STAFF		ORIGINAL JAPANESE EDITION STAFF	
出版	瑞昇文化事業股份有限公司	編集	坂尾昌昭、小芝俊亮、
監修	平野敦士卡爾		北村耕太郎（株式會社G.B.）
譯者	徐承義	本文イラスト	熊アート
		カバーイラスト	別府拓（G.B.Design House）
總編輯	郭湘齡	カバー‧本文	別府拓（G.B.Design House）
責任編輯	徐承義	デザイン	
文字編輯	蕭妤秦　張聿雯	DTP	出嶋勉
美術編輯	謝彥如　許菩真		
排版	二次方數位設計　翁慧玲		
製版	印研科技有限公司		
印刷	桂林彩色印刷股份有限公司		
	綋億彩色印刷有限公司		
法律顧問	立勤國際法律事務所　黃沛聲律師		

戶名	瑞昇文化事業股份有限公司
劃撥帳號	19598343
地址	新北市中和區景平路464巷2弄1-4號
電話	(02)2945-3191
傳真	(02)2945-3190
網址	www.rising-books.com.tw
Mail	deepblue@rising-books.com.tw

初版日期	2020年8月
定價	380元

國家圖書館出版品預行編目資料

睡不著時可以看的經營學 / 平野敦士卡爾監修；徐承義譯. -- 初版. -- 新北市：瑞昇文化, 2020.08
192面；　14.8 x 21公分
譯自：大学4年間の経営学見るだけノート
ISBN 978-986-401-430-9(平裝)
1.企業經營 2.企業管理
494.1　　　　　　109008405